평생 돈 걱정 없는
아이로 키우는
부자 수업

400억 자산가의
우리 아이 첫 경제 교육

평생 돈 걱정 없는
아이로 키우는
부자 수업

무라타 고키 지음 | 양필성 옮김

RHK
알에이치코리아

어릴 때의 용돈 교육이
평생의 부를 좌우한다

"아빠, 새 게임이 나왔는데 사 줘요."

"그건 용돈을 모아서 사기로 약속했잖아?"

"그렇지만 친구들은 다 가지고 있단 말이에요. 제발요!"

"그럼 어쩔 수 없네. 얼마가 부족해?"

"2만 원 정도만 있으면 돼요. 아빠 정말 고마워요!"

"참, 애들한테는 항상 저렇게 약하다니까."

"그래, 엄마 말대로네."

얼핏 보면 훈훈한 가족의 대화처럼 보입니다. 하지만 제 눈에는 매우 무서운 광경으로 보입니다. 왜냐하면 부모의 행동은 아이에게 "곤란할 때는 현금 서비스나 카드론에 의존해도 돼"라고 당당하게 가르치는 것과 같기 때문입니다.

'그저 일상적인 대화일 뿐인데, 가볍게 넘어가도 되는 거 아냐?'라고 생각할지도 모릅니다. 하지만 돈 교육의 관점에서는 절대 가볍게 봐서는 안 됩니다. 부모가 어떤 방식으로 용돈을 주느냐에 따라 아이의 미래가 결정될 수도 있습니다. 왜냐하면 아이에게 있어서 '용돈을 받는 기간'이란, '돈을 대하는 자세를 훈련하는 기간'이기 때문입니다.

당신은 아이가 돈에 휘둘리는 힘들고 험난한 인생을 살길 원하시나요? 아니면 돈을 자유롭게 다루며 행복하고 풍요로운 인생을 살길 원하시나요? 또는 돈에 집착하고 사람을 신뢰하지 못하는 인생을 살길 원하시나요? 아니면 돈을 도구로 생각하고, 주변 사람들과 좋은 세상을 만들어 나가는 인생을 살길 원하시나요?

인생의 갈림길에서 어느 쪽으로 향할 것인가는 재능이나 센스로 결정되는 것이 아니라, 어릴 때 돈에 관해 받은 훈련이 큰 영향을 미칩니다.

국영수·코딩 교육 말고, '경제 교육'은 하고 계시나요?

용돈을 주는 행위는 아이의 인생을 크게 좌우하는 동시에 부
모에게는 중대한 교육적 행위임에도, 국어, 영어, 수학, 코딩 등
앞으로 세상에서 살아남기 위한 중요한 지식이라 할 수 있는 분
야가 더 주목받고 있습니다.

하지만 '인생을 헤쳐 나간다'라는 관점에서 보면, '돈을 어떻
게 대할 것인가?', '돈을 어떻게 다뤄야 하는가?'를 제대로 아는
것은 그것들과 동등하게, 아니 그 이상으로 중요한 지식이 아닐
까요?

그럼에도 불구하고, "언제부터 용돈을 줘야 할까?", "얼마가
적당할까?"라는 대화는 해도, "왜 아이에게 용돈을 줘야 하는 걸
까?"라는 용돈의 본래 목적에 관해 대화하는 가정은 안타깝게도
그다지 많지 않은 것 같습니다.

제가 이 책을 쓴 이유가 여기에 있습니다. 여러분의 소중한
자녀에게 용돈을 통해 돈을 대하는 자세와 돈을 다루는 방법을
알려 주고 싶기 때문입니다.

부자 vs 빈자: 용돈 교육이 불러온 결과

저는 2009년에 '부동산 투자로 경제적 자유를 얻는 모임'이라는 조직을 설립하여 현재 대표를 맡고 있습니다. 모임의 입회 기준은 '지금 당장 자유롭게 쓸 수 있는 금융자산 2억 원 이상을 가지고 있는 사람'입니다.

부동산이나 자동차는 안타깝지만 자유롭게 쓸 수 있는 금융자산이 되지 못합니다. 이유는 매각이 되기까지 시간이 걸리기 때문입니다. 그러므로 5억 원에 구입한 자가自家가 있거나, 1억 원짜리 외제 차 두 대를 가진 분들도 그 사실만으로는 입회 자격이 되지 못합니다. 또 연 수입이 2억 원 이상인 부부도, 그 사실만으로는 입회 자격을 얻을 수 없습니다. 아무리 2억 원을 벌더라도 생활비로 대부분을 써 버리면 수중에 남는 돈이 없기 때문입니다.

지금 당장 자유롭게 쓸 수 있는 돈이란, 글자 그대로를 뜻합니다. 현금이나 주식 등 자신이 쓰려고 마음먹으면 언제든지 쓸 수 있는 돈, 그리고 전액을 썼다 치더라도 생활에 전혀 지장이 없는 돈을 말하죠.

저는 지금까지 1,000명 이상의 모임 회원들을 컨설팅해 왔습니다. 그 과정에서 회원들로부터 돈에 대한 가치관을 들을 수 있었습니다. 그리고 하나의 '가설'에 도달했습니다. 그것은 바로 '부모의 용돈 교육이 아이가 미래에 돈을 대하는 자세에 지대한 영향을 미친다'라는 것이었습니다. 이 가설을 검증하고 싶었던 저는 회원들 이외에도 수많은 사람에게 설문 조사를 시행해 다양한 답변을 모았습니다.

그 결과, '어릴 때 용돈을 어떻게 받고, 어떻게 썼는가?'가 '어른이 된 후에 돈을 어떻게 인식하고, 어떻게 쓰는가?'를 결정하는 데 엄청난 영향을 미친다는 것을 알게 되었습니다. 그리고 이 사실을 통해 하나의 경향을 파악할 수 있었습니다.

금융자산 2억 원 이상을 소유하고 있는 사람은 어릴 때 돈에 관한 좋은 인상과 습관을 가진 경우가 많았고, 돈에 쪼들리는 사람은 어릴 때 (부모가 의도했느냐는 별개로 하고) 돈에 관한 안 좋은 인상과 습관을 가진 경우가 많았다는 것입니다.

용돈 주는 방법에 따라
○○을 당연시하는 어른이 된다?

　다시 앞에서 언급한 아빠와 아이의 대화 장면으로 돌아가 봅시다. 돈의 세계에서는 '미리 당겨 쓰기'라는 말을 자주 사용합니다. 아직 손에 들어오지 않은 돈, 원래는 자신의 것이 아닌 돈을 이미 내 것인 양 써 버리는 행위를 말합니다. 대화 장면에서 아이가 눈앞의 욕구에 무너져서 다음 달까지 기다리지 못하고 아빠를 졸라 게임을 구매했죠. 이렇게 되면 부모가 아이에게 미래의 수익을 당겨 쓰는 행위를 권장하는 것과 같습니다.

　앞선 대화 장면에서 제가 굳이 '매우 무서운 광경'이라고 공포를 부추기는 듯한 표현을 한 데는 또 하나의 이유가 있습니다. 그 이유는 아이가 '졸라서 받은 돈은 갚을 필요가 없다'라고 생각할 수 있기 때문입니다.

　성인이 된 후 현금 서비스나 카드론을 이용하면, 높은 이자를 내거나 시간이 아무리 흘러도 쉽게 갚을 수 없는 고통을 경험하게 됩니다. 그런데 어릴 때 엄마 아빠를 졸라서 받은 돈의 경우, 빌려준 사람은 부모이기 때문에 상환 기한이나 이자는커녕 애초에 갚을 필요조차 없습니다.

다시 말해 "새 게임이 나왔는데 사 줘요"라고 아이가 졸랐을 때 부모가 돈을 주는 행위는, "돈이 궁할 때는 현금 서비스나 카드론을 이용해. 그리고 빌린 돈은 갚지 않아도 돼"라고 말하는 것과 다를 게 없습니다. 조금 극단적으로 들릴지 모르겠지만, 돈이 궁할 때는 부모에게 의지하도록 가르치는 것과 같다고 생각합니다.

잘못된 돈 습관을 가진 20세 이상의 성인이 우리 주변에 의외로 많다는 사실을 알면 깜짝 놀랄 것입니다. '아직 아이니까', '금액이 적으니까'라고 용돈을 가볍게 생각하면 안 되는 이유는 이 때문입니다.

돈의 활용 능력을 키우는 최적의 용돈 규칙

그렇다면 도대체 어떻게 해야 할까요? 어떤 목적과 방법으로 아이에게 용돈을 주면 좋을까요? 이 책은 '두 배 돌려주기'와 '감사 돌려주기'라는 방법을 제안합니다(자세한 내용은 3장에서 설명하겠습니다).

이것은 금융자산이 2억 원 이상인 모임 회원들에게 들은 이야기를 기초로 재구성하여 직접 고안한 방법입니다. 제 아이들에게 실천해, 돈을 대하는 자세와 돈을 다루는 방식에 대해 가르쳤던 방법이기도 합니다.

 이 책은 '이제 서서히 아이에게 용돈을 줘야 하는 시기구나'라고 생각하고 계신 초등학교 저학년 정도의 자녀가 있는 부모를 대상으로 집필했습니다. 용돈을 본격적으로 주기 전에 이 책을 읽는 것이 제일 좋다고 생각하기 때문입니다.
 하지만 "아이가 중학생이고, 이미 몇 년 전부터 용돈을 주고 있다"라고 말하거나, "아이가 고등학생이라 스스로 아르바이트를 시작하려 한다"라고 말하는 분들도 많이 있을 겁니다. 이런 분들께 드리고 싶은 말은 '이미 늦지 않았을까'라고 낙담할 필요는 없다는 것입니다. 처음부터 시작하는 것이 최상이지만 돈에 대한 개념이나 돈을 다루는 방법을 배우는 데 늦은 때는 없기 때문입니다.

 코로나19를 기회로 변화가 급격해지는 시대가 되었습니다. 이는 '자기 인생의 고삐를 쥐고, 자신의 의지로 분명하게 통제하는 기술'의 중요성이 점점 더 높아졌다는 것을 의미합니다. 그래서 많은 사람들은 더욱 돈에 휘둘리지 않고 중심을 가지고 사는 인생, 보다 빠르게 자신이 원하는 방향으로 가기 위해 돈이라는 수단을 사용하는 인생을 꿈꿉니다.

당신은 어떤 인생을 꿈꾸시나요? 그리고 당신의 아이는 미래에 어떤 인생을 살길 바라시나요? 이 책으로 당신의 소중한 아이가 평생 돈 걱정 없는 인생을 사는 데 작은 도움이 된다면 저 자로서 그만큼 기쁜 일은 없을 것입니다.

무라타 고키

머리말 어릴 때의 용돈 교육이 평생의 부를 좌우한다 ∘ 5
국영수·코딩 교육 말고, '경제 교육'은 하고 계시나요? ㅣ 부자 vs 빈자: 용돈 교육
이 불러온 결과 ㅣ 용돈 주는 방법에 따라 ○○을 당연시하는 어른이 된다? ㅣ 돈의
활용 능력을 키우는 최적의 용돈 규칙

돈이 인생에 미치는 영향

1장 인생 편

1 많은 돈을 벌면 부자가 되는 걸까? ∘ 21
고수입 빈털터리와 평균 수입 부자의 차이 ㅣ IN과 OUT, 모두를 컨트롤해야 부자가
된다

2 연 수입 5억 원인 의사가 부자가 되지 못한 이유 ∘ 26
사례 1 연 수입 5억 원, 금융자산 5,000만 원인 의사 ㅣ **사례 2** 연 수입 2억 원, 금
융자산 제로인 부부

3 돈의 활용 능력이 높다는 것의 의미 ∘ 32
사례 3 연 수입 5,000만 원, 금융자산 2억 원인 사람 ㅣ 능숙한 돈의 컨트롤 능력이
부자의 자격 요건 ㅣ '평균 IN, 적은 OUT' 타입의 약점

4 돈 때문에 수렁에 빠지는 3가지 패턴 ∘ 37
빌릴 때 안 좋은 패턴: 손쉬운 대출 ㅣ 갚을 때 안 좋은 패턴: 카드 리볼빙 ㅣ 무심코
빠지기 쉬운 안 좋은 패턴: 보너스 상환

5 부자와 빈자의 결정적 차이는 '의식'에 있다 ∘ 44
돈에 대한 의식 분석 '자가 진단 테스트' ㅣ 부자는 돈을 도구로 보고, 빈자는 돈을
감정적으로 본다

6 돈 교육은 인생의 토대를 만든다 ∘ 52
돈 걱정 없는 아이로 키우려면 ㅣ 부모가 담당해야 할 2가지 분야 ㅣ 부모가 만들어
주는 좋은 돈 습관

우리 아이 부자 되는
돈 교육 첫걸음

2장
기초 편

1 돈 교육이란 무엇을 가르치는 것일까? ∘61
  돈 교육의 2가지 정의 | 돈 교육의 목적은 평생 습관을 남겨 주는 것

2 평생 경제력의 기초는 초등학생 때 다져진다 ∘66
  돈 교육은 초등학생 때부터 | 초등학생 때가 최적인 이유 | '마음이 순수한 시기'만의
  리스크

3 대표적인 용돈 주는 4가지 방법 ∘71
  용돈 주는 4가지 방법의 개념과 영향 | 아이는 부모의 삶의 방식을 정답이라고 생
  각한다

4 용돈 주는 4가지 방법의 장단점 ∘80
  최적의 용돈 주는 방법을 고민하다 | 돈을 잘 다뤄야 인생도 잘 풀린다

5 용돈 받는 방식이 아이의 감정 조절에 미치는 영향 ∘89
  어른이 된 후 충동구매하는 패턴 | '인내하는 감각'의 중요성

6 돈으로 인간관계를 살 수 있을까? ∘92
  돈으로 우정을 사는 아이, 돈으로 관계를 맺는 어른 | 돈으로 인간관계를 산 사람
  의 말로

7 금융자산 2억 원을 가진 사람들의 공통점 ∘95
  금융자산 2억 원을 어떻게 만들었을까? | 나에게 맞게 돈을 불리자 | 갑자기 큰돈
  을 손에 쥐었을 때, 반드시 가져야 할 하나의 감각

8 부모의 말은 아이의 경제관념을 형성한다 ∘101
  빚에는 좋은 빚과 나쁜 빚이 있다 | 일시적인 큰돈보다도 정기적인 수입이 가치 있
  다 | 돈에 대한 가르침은 아이의 사고방식에 큰 영향을 미친다

3장 실전 편	**용돈으로 시작하는** **실전 돈 교육 레시피**	

1 **최강의 용돈 주는 2가지 방법** ◦113
돈의 활용 능력을 높이는 2개의 축

2 **훑어보기: 두 배 돌려주기 방법 ❶** ◦115
두 배 돌려주기 방법의 모든 것

3 **톺아보기: 두 배 돌려주기 방법 ❷** ◦121
목적 & 기대 효과 ┃ 용돈 주기 전 확실히 할 4가지 지출 원칙 ┃ 용돈 주기 전 미리 알려 줄 하나의 개념 ┃ 용돈 금액을 '또래 시세의 두 배'로 설정하는 이유 ┃ 부모가 절대 해서는 안 되는 2가지 NG 행동

4 **훑어보기: 감사 돌려주기 방법 ❶** ◦131
감사 돌려주기 방법의 모든 것

5 **톺아보기: 감사 돌려주기 방법 ❷** ◦138
용돈을 2가지 방법으로 주는 이유 ┃ 두 배 돌려주기 방법의 장단점 ┃ 감사 돌려주기 방법의 장단점 ┃ 최적의 용돈 규칙에 도달하다

6 **부모는 아이의 용돈에 참견하지 않는다** ◦142
스스로 고르고, 결정하는 것이 중요하다 ┃ '금액의 가시화'를 한 아이들 ┃ 서로의 가치관을 교류하는 절호의 기회

평생 돈 걱정 없는 아이로 키우는 부모의 마인드

4장
마인드 편

1 부모가 바뀌어야 아이도 바뀐다 。151
올바른 돈 교육을 위해 부모가 해야 할 일 ┃ 이 돈은 3가지 범위 중 어디에 해당할까? ┃ NEED = 소비, WANT = 낭비 ┃ 아이의 인터넷·게임 중독을 고치는 방법

2 투자와 투기는 완전히 다르다 。157
자기 투자의 의미와 가치를 알려 줘야 한다 ┃ 하늘의 별 따기, 로또 당첨 ┃ '초심자 행운'은 정말로 행운일까? ┃ 일확천금을 노리면 부자가 되지 못한다

3 아이들 간의 돈거래? 특별 용돈 제안? 。164
"친구가 돈을 빌려 달래요." ┃ 친구의 돈 부탁을 현명하게 거절하는 2가지 방법 ┃ 어쩔 수 없이 돈거래를 했을 때 주의점 ┃ "○○하면 용돈 주세요." ┃ 특별 용돈을 줄 때 4가지 주의점

4 올림픽 선수에게 배우는 돈 교육의 힌트 。173
초일류 운동선수의 육아 공통점 ┃ 돈 교육에도 순서가 있다

5 돈 이야기를 금기시하지 않는다 。178
부모는 아이에게 정직해야 한다 ┃ 아이는 한 명의 어른이다 ┃ 질문은 돈 교육을 할 수 있는 최고의 기회다 ┃ 부모가 절대 해서는 안 되는 최악의 말

6 부부간 돈에 관한 인식을 일치시켜야 하는 이유 。184
정확한 재정 상태를 서로 공유하라 ┃ 특히 비싼 물건을 사야 한다면

7 감사로 세상을 새롭게 보는 법 。187
'시급 60만 원'을 지급해도 대만족하는 이유 ┃ 감사가 돈을 부른다 ┃ 왜 동료 A가 월급이 더 많을까?

8 교활한 돈벌이는 NG, 편안한 돈벌이는 OK 。192
교활한 돈벌이는 지속할 수 없다 ┃ 편안한 돈벌이는 지속할 수 있다

9 마시멜로를 먹은 아이와 먹지 않은 아이, 그 후의 인생 。195
인내심은 행복한 인생을 위해 꼭 필요할까? ┃ 용돈 규칙은 '마시멜로 습관'

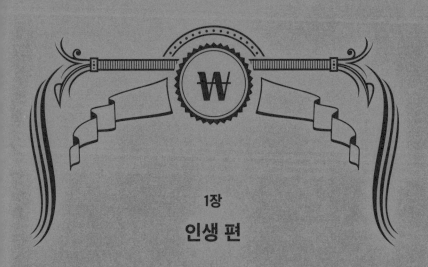

1장

인생 편

돈이 인생에
미치는 영향

많은 돈을 벌면
부자가 되는 걸까?

고수입 빈털터리와 평균 수입 부자의 차이

부모라면 누구나 소중한 내 아이가 돈 때문에 고생하는 어른
이 되지 않기를 바랍니다. 그래서 아이가 확실하게 돈을 벌 수
있는 기술을 익히면 좋겠다고 생각합니다.

의사·변호사와 같은 직업은 (아이들에게 인기야 어떻든) '사'
자가 붙은 직업의 최고봉으로, 부모에게 인기가 매우 높습니다.
또 야구·축구·농구 등의 프로 스포츠 선수, 최근에는 프로 테니
스 선수도 큰 주목을 받고 있습니다. '아이가 미래에 오타니 쇼

헤이 선수(일본 프로 야구 선수-옮긴이)나 니시코리 케이(일본 프로 테니스 선수-옮긴이) 선수 같은 사람이 되면 좋겠다'라고 생각하는 분들도 많을 것입니다. 그 마음을 충분히 이해하고, 아이에 대한 소망을 부정할 마음은 전혀 없습니다.

다만 제가 반드시 전하고 싶은 말은, 돈을 많이 버는 것도 중요하지만 그 이상으로 중요한 것이 있다는 사실입니다.

왜냐하면 저는 '놀랄 만큼 많은 돈을 벌고 있는데도 돈이 전혀 없는 사람'을 수없이 봤기 때문입니다. 반대로 제가 주재하는 모임에는 '지극히 평균적인 수입인데도 부자가 된 사람'이 매우 많습니다. 다시 말해 "돈을 많이 벌면 부자가 될까?"라는 질문에 대해 저는 분명하게 그렇지 않다고 말할 수 있습니다.

그렇다면 '놀랄 만큼 많은 돈을 벌고 있는데도 돈이 전혀 없는 사람'과 '지극히 평균적인 수입인데도 부자가 된 사람'의 결정적 차이는 도대체 어디에 있을까요?

그것은 돈의 본질을 이해한 상태에서 돈을 '컨트롤Control'하는 것, 즉 '파악'하고, '구분'하고, '관리'할 수 있느냐 없느냐에 있습니다. 자세한 내용은 차례대로 설명하겠지만, 컨트롤(파악 → 구분 → 관리)은 이 책의 핵심 주제이기 때문에 꼭 기억해 두시길 바랍니다.

IN과 OUT, 모두를 컨트롤해야 부자가 된다

'돈을 컨트롤한다'라는 의미를 자세히 분석하면, 'IN'과 'OUT'으로 나뉩니다. 전자는 '들어오는 돈', 후자는 '나가는 돈'을 가리킵니다. 2가지 모두를 제대로 다룰 수 있어야만 비로소 부자가될 수 있습니다. 즉 '놀랄 만큼 많은 돈을 벌고 있는데도 돈이 전혀 없는 사람'은 들어오는 돈을 다루는 기술은 가지고 있지만, 나가는 돈을 제대로 다루지 못하는 사람인 것입니다.

여기까지 읽고 난 후, '뭐야, 너무 당연한 말을 하고 있는 거아냐?'라고 생각하는 사람도 있을 것입니다. 완전히 맞는 생각입니다. 저는 지극히 당연한 사실을 말하고 있습니다.

하지만 실제로 많은 사람들에게 아래의 질문들을 던져 보면, "모른다", "계산해 본 적 없다", "구분해서 생각해 본 적 없다"라는 답이 돌아오는 경우가 대단히 많습니다.

들어오는 돈 IN

질문 ① 세금이나 보험료 등 납부하지 않으면 안 되는 돈을 모두 빼고 '실제로 자기 손에 남는 돈'이 얼마인지 정확하게 알고 있는가? 〔파악〕

질문 ② 들어오는 돈IN의 내역을 '수입'과 '운용' 2가지로 나누어 생각하고 있는가? 【구분】

나가는 돈OUT

질문 ① 집세나 주택담보대출금, 통신비, 식비, 차량 유지비, 아이 학원비 등을 합산한 '매월 생활비'를 계산해 본 적이 있는가? 【파악】

질문 ② 나가는 돈OUT의 내역을 '낭비', '소비', '투자' 3가지로 나누어 생각하고 있는가? 【구분】

내 손에 남는 돈이 얼마인지 모른다고 말하는 사람에게 그 이유를 물어보면, "돈 관리에 대해서는 파트너에게 모두 위임하고 있다"라고 답하거나 "맞벌이여서 부부가 각자 관리하기 때문에 상대의 수입이나 지출에 대해서는 전혀 모른다"라고 답하는 경우가 대부분입니다.

"매월 생활비를 계산해 본 적이 없다"라고 답한 사람에게 저는 "그렇다면 이번 달 생활비를 계산해 보세요"라고 말합니다. 그러면 거의 모두가 "매월 이렇게나 들어가는군요……. 전혀 몰랐어요"라며 놀라움을 금치 못합니다.

들어오는 돈IN과 나가는 돈OUT을 컨트롤하지 않고 매일 돈을 펑펑 쓰며 살면, 당연히 돈을 제대로 다룰 수 없습니다. 이런 생활 방식으로는 절대 돈을 모으지 못합니다.

연 수입 5억 원인 의사가
부자가 되지 못한 이유

사례 1
연 수입 5억 원. 금융자산 5,000만 원인 의사

들어오는 돈IN과 나가는 돈OUT의 컨트롤에 대해 보다 쉽게 이해할 수 있도록 사례를 들어 보겠습니다.

제 지인 중에 병원을 운영하던 의사가 있습니다. 의사로서 실력이 출중해 병원은 번창했습니다. 연 수입은 대략 5억 원으로, 초고수입을 자랑하는 사람이었습니다. 어느 날, 그에게 부동산 투자를 하고 싶다는 말을 듣고 함께 이야기를 나눴습니다.

그런데 이야기를 들어 보니, 당장 자유롭게 쓸 수 있는 금융 자산이 5,000만 원 정도밖에 없다고 말하는 것이었습니다. 오해 가 없도록 미리 말해 두지만, 5,000만 원이 적은 돈이라고 말하 는 것은 결코 아닙니다. 하지만 10년 이상 개업의로서 맹활약해 왔다는 것을 생각할 때, 단순 계산으로도 50억 원(세금을 빼더라 도 수십억 원)은 벌었을 거라는 계산이 나옵니다.

저는 '이 사람이라면 1년에 1억 원 정도는 가볍게 모을 수 있 었을 텐데……'라고 의아하게 생각했습니다. 그런데 계속 이야 기를 듣다 보니, 왜 그렇게 되었는지 상황이 파악됐습니다.

먼저 그는 자동차를 너무 좋아해서 최고급 외제 차를 몇 대나 소유하고 있었습니다. 당연히 자택은 넓은 주차장이 있는 단독 주택이었습니다. 또 부인은 화려함을 대단히 좋아하는 사람으 로, 고급 브랜드 옷이나 명품 가방을 사고 고급 레스토랑에서 외 식을 하는 등 돈을 물 쓰듯 했습니다.

이런 사람들에게는 '수상한 투자 이야기'도 많이 꼬입니다. 본 인들도 실체를 알 수 없는, 하지만 언뜻 보면 이율이 좋아 보이 는 조건에 고액의 투자(사실은 투기)도 했습니다. 그러나 실상은 거의 '묻지마 투자'였고, 결국 누군가에게 사기를 당해 큰돈을 손해 보고 말았습니다.

이 의사의 경우는 돈을 많이 버는 능력, 즉 IN을 다루는 힘은 대단히 훌륭하지만, 욕망이 향하는 대로 돈을 쓰고 있었습니다. 즉 'IN도 확대, OUT도 확대' 타입인 것입니다. 그래서 금융자산이 겨우 5,000만 원밖에 없었던 것이죠.

이 의사의 비극은 은행의 평가가 높다는 것입니다. 예컨대 금융자산이 적어도 돈을 많이 버는 사람이기 때문에 "돈을 빌리고 싶다"라고 부탁하면 은행은 "기꺼이!"라며 빌려줍니다. 만일의 경우에도 위기를 넘길 수 있는 능력이 있기 때문에 현재 약간의 문제가 있는 것은 눈감아 주는 것입니다.

제게 상담을 청했을 때 의사는 이렇게 말했습니다.

"열심히 일해서 돈을 벌었는데 전혀 충분한 것 같지 않아요. '뭔가 잘못됐다'라는 생각에 몸도 많이 지치고 힘이 듭니다. 최근에는 '이렇게는 계속 버틸 수 없겠다'라는 생각마저 들어 더욱 힘들어요."

그의 힘없고 갈라진 목소리에서 정말 힘들어하는 모습이 보였습니다. 결국 그는 돈을 컨트롤하지 못해 점점 문제의 늪에 빠져들고 있었던 것입니다.

사례 2
연 수입 2억 원, 금융자산 제로인 부부

이어서 또 다른 사례를 바탕으로 배워보겠습니다. '연 수입 2억 원, 금융자산 제로'인 부부의 경우입니다.

혼자서 연 수입 2억 원을 버는 것은 매우 힘든 일입니다. 이 정도 수입은 부부가 함께 대기업이나 외국 기업과 같은 연봉이 높은 직장에 다녀야 가능한 수입입니다. 세대의 연 수입이 2억 원을 넘는 가정은 드물지만 존재하는데, 이들은 고소득자에 속합니다.

저는 일의 특성상 이런 사람들을 만날 기회가 많습니다. 놀라운 것은 이들에게 "금융자산은 제로입니다"라는 말을 너무 자주 듣는다는 것입니다.

그들에게 돈의 사용처를 물어보면 '역시'라는 결론에 이릅니다. 가장 흔한 사용처 중 한 곳은 월세 또는 주택담보대출금 상환입니다. 예를 들어 매월 수백만 원의 월세 또는 주택담보대출금 상환이 필요한 집에 살고 있으면, 그것만으로 연간 수천만 원의 지출이 발생합니다.

게다가 이와 같이 부부가 함께 고소득자인 경우, 부부가 모두 고학력자일 확률이 높습니다. 또 그들의 학창 시절 친구들도 고소득, 고학력자일 확률이 높습니다. 이런 환경에서 살면 어떻게 될까요? '아무리 싸도 이 정도는 해야지……'라는 감각이 어딘가에서 반드시 생기게 마련입니다. '역시 국산 차는 타기가 좀 그래'라거나, '아이는 당연히 사립 초등학교에 보내야지'와 같은 감각입니다. 쉽게 말해 허세를 부리는 것입니다.

그렇게 주거비, 식비, 차량비, 의복비, 유흥비, 아이의 교육비 등의 지출이 쌓이면, 세대 연 수입은 2억 원으로 고수입인데 남는 돈은 제로, 금융자산도 제로가 되어 버리는 것이죠.

이처럼 맞벌이 가정은 돈 관리는 부부가 따로인 경우도 많고, 상대가 얼마를 벌고, 돈을 어디에 쓰는지 모르고 간섭도 하지 않는 가정도 많습니다.

하지만 이런 가정 대부분은 자신도 상대도 돈을 버는 힘이 있다고 자부하며, 앞으로도 계속해서 수입이 늘어날 것이라 믿기 때문에 금융자산이 제로여도 그다지 신경 쓰지 않습니다. **이러한 사람들은 '더블 IN, 전액 OUT' 타입이라 할 수 있습니다.**

좋은 집에 살고, 좋은 차를 타고, 좋은 옷을 입기 때문에 주변 사람들은 '저 부부는 분명 부자일 거야'라며 부러워하지만, 제가 보기에는 안타깝게도 부자와는 정반대의 세계에 있는 사람들입니다.

수입의 액수는 다르지만, IN이 모두 OUT이 되는 상황에서는 '수입이 너무 적어서 식비를 아껴야만 매월 생활을 꾸려 나갈 수 있다'라는 생활고 상태와 전혀 다르지 않습니다. 현재 상황이 무언가 하나라도 변하면(부부 중 한 명이 일을 그만둬야 하거나, 또는 수입이 현저하게 줄어든 직장으로 옮겨야 하는 등) 가계는 한순간에 마이너스가 되어 버립니다.

혹여 마이너스 상태를 알았다 하더라도 한번 올라간 생활 레벨을 낮추는 것은 매우 힘든 일로, 성공하는 경우가 거의 없습니다. 매일 외줄 타기를 하듯 힘든 생활의 연속일 것입니다.

돈의 활용 능력이
높다는 것의 의미

사례 3

연 수입 5,000만 원, 금융자산 2억 원인 사람

앞의 사례들과 '연 수입 5,000만 원, 금융자산 2억 원'인 사람
의 사례, 둘 중 어느 쪽이 돈의 활용 능력이 더 높을까요? 당연히
후자입니다.

앞은 돈이 쌓이지 않는 사람들의 예였다면, 이 사례는 돈을
모은 사람의 이야기입니다. '금융자산 2억 원을 모아야지'라고
결심해, 많은 노력 끝에 목표를 달성한 경우인 것이죠.

이런 사람은 특징이 있습니다. 바로 돈을 쓰는 방법에 대한 명확한 비전을 가지고 있다는 것입니다. 이렇게 생각한 이유는 모임의 한 회원에게 전해 들은 핸드폰 기종 변경에 관한 이야기 때문이었습니다.

그 회원은 애플Apple의 '아이폰 12'가 발매되었을 때, 잠깐 '기종 변경을 할까'라고 생각했다고 합니다. 자신이 가지고 있는 것은 '아이폰 8'이었는데, 아이폰 12는 5G도 지원하고 사진이나 동영상도 예쁘게 찍힌다는 말을 들었기 때문입니다. 그래서 기종을 변경하면 돈이 얼마나 드는지를 알아봤더니 150만 원 정도의 지출이 발생하고, 할인을 받더라도 100만 원 정도가 필요하다는 걸 알았습니다.

그 결과, 그는 기종 변경을 포기했습니다. 왜냐하면 '100만 원을 써서 기종을 변경했을 때 얻을 수 있는 만족감'과 '쓰려고 했던 100만 원을 쓰지 않고 가지고 있었을 때의 만족감'을 비교했더니, 후자의 경우가 더 큰 만족감을 준다는 결론에 다다랐기 때문입니다. 그는 이 일련의 행위를 '샀다고 친 저축'이라고 불렀습니다.

능숙한 돈의 컨트롤 능력이 부자의 자격 요건

제가 '역시!'라고 생각한 이유는 단순히 100만 원을 절약한 것에 있지 않습니다. '갖고 싶지만 사지 않고 참는다'라는 마음으로 절약하다 보면, 스트레스가 쌓여서 지속하기 힘듭니다.

하지만 그는 그렇게 하지 않고 '어느 쪽이 만족감이 높을까'를 비교하여 자신의 마음이 즐거워할 쪽을 선택했습니다. 게다가 흥미로운 건 그가 이렇게 말했기 때문입니다.

"그전보다 제가 가지고 있는 핸드폰에 더 많이 애착이 가더라고요. 핸드폰은 오늘도 문제없이 일하고 있어요. 그런데 제 손에는 자유롭게 쓸 수 있는 100만 원이 있잖아요? 왠지 이득을 본 느낌이 들어요."

핸드폰의 기종 변경은 어디까지나 하나의 예입니다. 그런데 금융자산을 2억 원 이상 가지고 있는 사람은 이렇게 돈의 사용법을 능숙하게 조절하면서 목표를 잘 달성한다는 특징이 있습니다. **이런 사람들은 '평균 IN, 적은 OUT' 타입이라 할 수 있습니다.** 당연한 것이지만, 'IN>OUT'의 생활을 지속하기 때문에 부자가 되는 것입니다.

'평균 IN, 적은 OUT' 타입의 약점

다만 이렇게 돈을 능숙하게 컨트롤하는 사람이라도 한 가지 약점이 있습니다. 그것은 바로 OUT이 서툴다는 점입니다.

자세하게는 후술(53쪽 참조)하겠지만, OUT의 내역에는 낭비, 소비, 투자(자신에 대한 투자를 포함)가 있습니다. 같은 OUT이라도 최대한 억제해야 할 낭비나 소비와 달리 투자는 적절한 시기에 해야 합니다.

투자를 통해 '돈이 스스로 일하는 상황'을 만들지 않으면 돈을 더 크게 불릴 수 없으며, 자신을 위한 투자를 하지 않으면 성장할 수 없기 때문입니다. 즉 '모으기'만 하고 '쓰기'를 하지 않으면 다음 단계로 올라갈 수 없습니다.

OUT이 서툰 사람에게 저는 이렇게 말하기도 합니다.

"그렇게 모으는 데만 집중하다 보면 지금은 '작은 부자'라는 말이라도 들을 수 있겠지만, 미래에 경제적 자유를 누리기 힘들며 계속해서 부자로 살지도 알 수 없습니다."

결국 아끼는 것만이 능사가 아닙니다. 투자를 할 수 있어야 작은 부자에서 나아가 진정한 경제적 자유의 길에 오를 수 있습니다.

돈 때문에 수렁에 빠지는
3가지 패턴

빌릴 때 안 좋은 패턴: 손쉬운 대출

돈 때문에 수렁에 빠지는 원인에는 무엇이 있을까요? 대표적으로 '손쉬운 대출'과 '리볼빙' 그리고 '보너스 상환'이 있습니다.

먼저, 손쉬운 대출에 관해 설명하겠습니다. 여기에는 주로 2가지 방법이 있습니다. 하나는 신용카드의 현금 서비스를 이용해 현금을 빌리는 방법, 다른 하나는 카드론을 이용해 현금을 빌리는 방법입니다. 이 방법들의 특징은 '매우 간단하게 빌릴 수 있지만, 대단히 높은 이자를 지불하지 않으면 안 된다는 것'입니다.

신용카드의 현금 서비스나 카드론은 '이자제한법'이라는 법률에 의해 연 20% 이상의 이자는 받을 수 없게 되어 있지만, 현금 서비스나 카드론 모두 신용과 거의 관계없이 법정 최고 이자율인 20%에 육박하는 이자를 지불해야 하는 경우가 많습니다. 예를 들어 100만 원을 빌리면 1년 후에는 120만 원을 갚아야 하는 것이죠.

우리 주위에는 이러한 현금 서비스나 카드론에 대한 다양한 유혹이 도사리고 있습니다. 예를 들어 '일주일간 이자 0원', 즉 '일주일 이내에 대출금을 갚으면 이자를 10원도 받지 않습니다'라는 유혹 문구 등에 우리는 쉬이 넘어가곤 하죠.

어떻게 이런 방법이 비즈니스로서 성립하는 걸까요? 그 이유는 일주일 이내에 돈을 갚지 못하는 사람이 대부분이기 때문입니다. 애초에 '대출을 받아야겠다'라고 생각할 때는 돈이 없을 때입니다. 10만 원이 없어서 10만 원을 빌린 사람이 일주일 후에 10만 원을 갚을 가능성은 지극히 낮고, 다른 곳에서 빌려서 급한 불을 끄는 악순환(다중 채무)에 빠지게 됩니다. 그렇게 한순간에 채무액이 1,000만 원이 넘어 상환 불능 상태가 되고, 파산에까지 이르게 되는 것입니다.

손쉬운 대출은 한마디로 미리 당겨 쓰는 것입니다. 우리의 소중한 아이는 '현금 서비스나 카드론에 의존하지 않는 삶'을 살 수 있도록 확실하게 교육할 필요가 있습니다.

갚을 때 안 좋은 패턴: 카드 리볼빙

다음은 리볼빙입니다. 신용카드 이용 대금의 상환 방법에는 일시불, 분할 상환, 리볼빙 등 몇 가지가 있습니다. 신용카드로 쇼핑을 할 때, 지불 방법을 선택하기 때문에 한 번쯤 들어 본 사람이 많이 있을 것입니다.

리볼빙은 신용카드 이용 대금의 일정 비율만 상환하면 남은 대금은 다음 달로 이월되어 계속해서 카드를 사용할 수 있는 서비스입니다. 리볼빙을 이용하면, 예를 들어 몇백만 원이나 하는 고액 상품을 매월 10만 원 정도의 소액으로 살 수 있게 됩니다. 마치 꿈같은 지불 방법처럼 보이지만, 실제로는 '지옥'의 입구입니다.

리볼빙도 이자제한법에 의해 연 20%라는 이자 상한액이 정해져 있습니다. 예를 들어 500만 원의 상품을 매월 10만 원씩 지불하는 조건으로 샀다면, 만약 이자가 없다 하더라도 완제까지 4년 이상이 걸립니다. 거기에 이자가 더해지는 것이니 갚아도 갚아도 갚아야 할 돈이 줄어들지 않습니다.

즐거운 쇼핑이라고 느끼는 것은 물건을 사는 순간뿐입니다. 상환을 미뤄 두면 그 후의 고통은 눈덩이처럼 커져만 갑니다. 내 아이는 절대로 그런 고통을 겪는 일이 없도록 리볼빙의 위험성을 꼭 가르쳐야 합니다.

그보다 더 무서운 일은 신용카드로는 현금 서비스에 리볼빙까지 손쉽게 가능하다는 것입니다. 신용카드 회사에서는 간단하게 목돈을 빌릴 수 있는데도 상환은 소액으로 가능합니다. 마치 연금술처럼 보입니다. 이렇게 그럴싸한 이야기가 있을 까닭이 없지만, 눈앞의 이해득실을 제대로 파악하지 못하고 무모하게 덤비는 사람도 있습니다. 그중에는 빌린 돈을 자기 돈으로 착각하고 쓰는 사람도 있습니다.

여러분도 '그런 생활은 안 돼'라고 생각하지 않나요? 하지만 **아이가 제대로 돈 교육을 받지 못하면, '그렇게 빌리고 갚으며 사는 것도 괜찮아'라는 착각을 하는 어른이 될 수도 있습니다.**

무심코 빠지기 쉬운 안 좋은 패턴: 보너스 상환

　손쉬운 대출이나 리볼빙이 좋지 않은 것은 대부분이 어느 정도는 알고 있습니다.

　그러나 그것 이외에도 많은 사람들이 아무렇지도 않게 하는 안 좋은 패턴이 존재합니다. 바로 보너스 상환(이는 일본에만 있는 독특한 카드 할부 방식으로, 평상시에는 이자만 내다가 보너스를 받는 달에 원금을 상환하는 방식을 말한다—옮긴이)입니다. 가전이나 가구 등을 구입할 때 '지금은 큰돈이 없지만 몇 개월 후 받을 보너스를 구입 자금으로 쓰면 될 거야'라고 생각하고 '보너스 일괄 지급'을 선택하는 사람도 많습니다.

　요즘 일본에서는 양복을 파는 온라인 쇼핑몰에서도 보너스 상환 시스템을 채용하고 있습니다. 그래서 '보너스를 받기 전이라도 겨울옷을 살 수 있습니다!'라는 문구로 광고를 하기도 합니다. 옷뿐만이 아닙니다. 주택담보대출금이나 자동차대출금도 보너스를 받는 달에 더 많은 돈을 갚는 사람도 있습니다. 기업에서 일하는 직장인의 경우 보너스 상환을 선택하는 사람이 많습니다.

　그러나 이것도 미래의 돈을 미리 당겨 쓰는 것과 전혀 다르지 않습니다. 들어올 돈이기는 하지만, 확실하게 들어온 돈이 아니기 때문입니다.

게다가 더 안 좋은 것은 '매월 가계家計가 마이너스이지만 보너스로 장부를 맞춘다'라는 생각으로 사는 것입니다. 예를 들어 '세후 수입은 월 300만 원으로, 매월 생활비가 350만 원이 들어가지만 매월 발생하는 50만 원의 마이너스는 여름과 겨울 보너스로 채운다'라고 생각하는 경우입니다. 만약 보너스가 예상보다 적거나 받지 못하면 그 순간에 '채무 초과' 상태가 돼 버립니다. 이것은 대단히 위험한 생활 방식입니다.

'아이는 부모의 등을 보고 자란다'라는 말이 있듯, 부모가 아무렇지 않게 돈을 미리 쓰는 삶을 살면 아이도 미래에 똑같이 살 가능성이 매우 높습니다. '아이는 어떻게 돈을 쓰는지 모르니까 괜찮아'라고 생각하는 가정일수록 그 가능성은 점차 높아집니다.

최악인 것은, 이 보너스 상환 방식을 가정에 적용하는 것입니다. 예를 들어 아이에게 "크리스마스 선물로 사 줄게"라고 약속한 장난감이 있습니다. 하지만 아이는 "지금 갖고 싶어"라며 말을 듣지 않고, 결국 부모가 져서 10월에 미리 사 주고 맙니다. 이러한 상황이 전형적인 보너스 상환 그 자체입니다.

한 번이라도 이것을 허락하면 아이는 '미리 당겨 쓰기'의 맛을 들이게 됩니다. 그 후로도 같은 요구가 반복되고, 어른이 되어서도 이익을 미리 쓰는 버릇이 생기게 됩니다. 이는 '참지 못하는 어른, 컨트롤하지 못하는 어른이 되어라'라고 부모가 일부러 가르치는 것과 같습니다.

그렇기에 부모는 아이가 아무리 울며 떼를 쓰더라도, 거기에 마음이 약해져서 "그래 사 줄게"라고 말해서는 절대 안 됩니다. 모든 것은 소중한 내 아이의 미래를 위한 일입니다. 돈 걱정 없는 어른이 되길 바라는 부모의 사랑 방식 중 하나입니다.

부자와 빈자의
결정적 차이는 '의식'에 있다

돈에 대한 의식 분석 '자가 진단 테스트'

몇 해 전, 저는 금융자산을 2억 원 이상 가지고 있는 그룹과 금융자산이 적은 그룹에 대해 '당신은 돈에 대해 어떤 생각을 가지고 있는가?'라는 설문 조사를 진행한 적이 있습니다.

이를 통해 부자와 빈자의 결정적 차이를 발견할 수 있었습니다. 자세한 설명을 하기 전에 한 가지 진단이 필요합니다. 다음 페이지의 5개 항목에 대해 깊이 생각하지 말고 직감적으로 답해 주세요.

돈에 대한 의식 분석 '자가 진단 테스트'

각 질문의 선택지 중에서 ___에 들어갈 단어 또는 문장에 모두 체크
해 주세요.

....

1. 돈은 갖고 싶지만 _____ (은/는 하고) 싶지 않다.

☐ 일   ☐ 눈에 띄고

☐ 실패   ☐ 시간을 투자

☐ 노력   ☐ 머리를 쓰고

☐ 하기 싫은 일   ☐ 욕구를 참고

☐ 귀찮은 일   ☐ 지금의 즐거움을 포기

합계 _____ 개

....

2. 돈을 벌기 위해서는 _____ (하지) 않으면 안 된다.

☐ 사람을 배신   ☐ 남의 지시에 따르지

☐ 남의 것을 뺏지   ☐ 싫어하는 사람과 함께

☐ 영혼을 파는 행위를   ☐ 남에게 머리를 숙이지

□ 미움을 받지   □ 나쁜 짓을

□ 사람을 속이지   □ 거짓말을

합계 _____ 개

---

3. 부자는 _____ 때문에 싫다.

□ 구두쇠이기   □ 착취하기

□ 나쁜 짓을 하기   □ 돈밖에 모르기

□ 남을 이용하기   □ 비겁한 짓을 하기

□ 사람을 깔보기   □ 인정머리가 없기

□ 자기중심적이기   □ 그냥 운이 좋았을 뿐이기

합계 _____ 개

---

4. 돈이 필요 이상으로 있으면 결국 _____ 이다.

□ 낭비할 뿐   □ 싸움만 일어날 뿐

□ 사람이 변할 뿐   □ 인생만 엉망이 될 뿐

□ 쓸모없게 될 뿐   □ 욕심만 더 많아질 뿐

□ 나쁜 사람들이 꼬일 뿐   □ 쓸데없는 고생만 할 뿐

□ 고마움을 모르는 사람이 될 뿐

□ 죽고 난 후 누군가에게 넘어갈 뿐

합계 _____ 개

....

5. 돈을 버는 것은 힘든 일이다. 왜냐하면 나에게는 _____

(이/가) 없기 때문이다.

☐ 운   ☐ 지식

☐ 경험   ☐ 인맥

☐ 재능   ☐ 매력

☐ 학력   ☐ 실력

☐ 자신감   ☐ 카리스마

합계 _____ 개

....

판정 기준 (50점 만점 중)

- 31점 이상 : 평생 돈에 휘둘리며 삽니다.

- 21~30점 : 돈에 대해 상당히 부정적인 감정을 가지고 있습니다.

- 11~20점 : 지극히 일반적인 생각을 가진 사람입니다.

- 6~20점 : 쓸데없는 생각은 거의 하지 않습니다.

- 5점 이하 : 당신은 이미 성공했습니다.

앞의 진단표는 '체크한 개수가 적을수록 좋음'과 같은 단순한 내용이 아닙니다. 목적은 심층 의식 레벨에서 자신의 생각을 정확하게 인식하는 것입니다.

아이에게는 표층의 생각이 아니라, 심층 의식 레벨의 본심이 유전됩니다. 왜냐하면 돈에 대한 의식은 사소한 행동이나 반응과 직결되기 때문입니다.

예를 들어, 아이와 함께 있을 때 갑자기 "지인이 사업에 성공해서 큰돈을 벌었다"라는 말을 들었다고 합시다. 아래의 답변 중에서 어느 쪽이 아이에게 좋은 영향을 줄까요?

A. "뭐? 그런 별 볼 일 없는 놈이 성공했다고? 모르긴 몰라도 정상적인 방법으로 성공한 건 아닐 거야"라며 자기도 모르게 비난조로 얘기한다.
B. "와, 대단하네. 엄청 노력했겠네"라며 칭찬한다.

말할 필요도 없이 B입니다. 이처럼 아이에게는 표층의 의식이 아니라 깊은 곳에서 우러나오는 진심 어린 생각(심층 의식)이 큰 영향을 미칩니다. 그러므로 이 테스트를 할 때 2가지 주의할 점이 있습니다.

하나는 '이래야 한다'라거나 '이것이 정답'과 같이 표층적으로 생각하면 아무런 의미가 없다는 것입니다. 당신의 느낌과 직감을 중요하게 생각해 체크해 주시길 바랍니다.

다른 하나는 누군가에게 보여 주기 위한 것이 아니므로 좋게 보이기 위한 노력을 할 필요가 없다는 것입니다. 반드시 솔직하게 답해 주시길 바랍니다. 그러면 자신의 심층 의식에 있는 브레이크가 되는 생각을 발견할 수 있을 것입니다.

부자는 돈을 도구로 보고, 빈자는 돈을 감정적으로 본다

점수를 매겨 보셨다면, 부자와 빈자의 결정적 차이에 대해서 이야기하겠습니다. **그것은 바로 빈자는 돈을 감정적으로 보고, 부자는 돈을 도구로 본다는 것입니다.**

먼저, 부자가 아닌 사람은 돈에 대해 생각하거나 말할 때, 부정적인 감정을 가지고 있습니다. 예를 들어 "그렇게 돈을 많이 가지고 있다는 것은 분명 무언가 나쁜 일을 한다는 거야"라거나 "돈이 많이 있으면 반드시 다툴 일이 많아져서 피곤해져"라고 말하는 경우죠. "하고 싶지 않은 일을 참고 하기 때문에 월급을 받는 거야"라고 말하는 사람도 같은 부류입니다. 돈을 버는 행위를 부정적인 시선으로 보는 사람들은 부자가 되기 어렵습니다.

한편 "돈이 좋아! 돈에 대한 부정적인 감정은 없어"라고 말하거나, "돈을 보면 가슴이 두근두근해", "부자를 보면 나도 저렇게 되고 싶다고 동경하게 돼"라며, 돈에 대해 긍정적 감정을 가지고 있는 사람도 있습니다. 부자들은 이런 타입일 거라고 생각하지 않나요?

하지만 제가 조사한 바로는 이런 타입도 부자가 아닌 사람 그룹에 속했습니다. 이 타입은 돈에 대한 집착이 너무 강해서 주변 사람들에게 신뢰를 받지 못하고, 쉽게 어울리지도 못하는 경우가 많았습니다.

즉 부자가 아닌 사람은 부정적 감정과 긍정적 감정, 어느 쪽이든 돈에 대해 색안경을 끼고 본다는 것입니다.

반면 부자들은 돈을 도구로 여깁니다. '돈 자체는 좋은 것도 나쁜 것도 아니다. 잘 사용하면 편리한 것이지만, 잘못 사용하면 위험하다'라는 감각으로 돈을 대합니다. 자신의 자산이 늘어나든 줄어들든 그것에 일희일비하지 않고, 롤 플레잉 게임의 아이템이 늘어나고 줄어든다는 감각과 비슷하게 생각했습니다. 객관적인 자세로 돈과의 거리를 너무 가깝지도 멀지도 않게 유지하는 것이죠.

왜 이런 감각으로 돈을 대하면 부자가 되는 걸까요? 그 이유는 그들이 돈의 본질을 이해하고 있기 때문입니다.

인류는 원래 물건과 물건을 교환하며 살았지만, 자신이 가지고 있는 물건과 상대가 가지고 싶은 물건이 일치하지 않으면 교환할 수 없는 불편함이 있다는 것을 알게 됐습니다. 그래서 비교적 가치가 쉽게 떨어지지 않는 물품 화폐(천, 소금, 조개 등)를 교환 수단으로 삼았습니다. 그 후, 빈부 격차가 생기고 돈 때문에 웃는 사람, 돈 때문에 우는 사람이 생기게 되었죠.

그로 인해 돈에 대해 어떠한 감정을 갖게 되는 사람들이 늘어났습니다. 하지만 본래 돈은 편리한 도구이며, 그 자체로는 좋은 것도 나쁜 것도 아닙니다. 부자는 이러한 돈의 본질을 알기 때문에 부자가 될 수 있는 것입니다.

돈 교육은
인생의 토대를 만든다

돈 걱정 없는 아이로 키우려면

앞서 말했듯이 아이에게 있어 '용돈을 받는 기간'이란, '돈을 대하는 자세를 배우는 기간'입니다. 이 기간 동안 당신의 소중한 아이가 돈의 본질을 이해하고, 돈의 IN·OUT을 컨트롤할 수 있는 사람으로 자랄 기반을 만들어 주는 것이 제 바람입니다. 그러기 위해서는 다시 한번 '돈의 컨트롤'이라는 개념에 대해 짚고 넘어갈 필요가 있습니다.

IN은 '매월 얼마가 들어오는가'를 정확하게 파악하는 것을 대전제로 합니다. 또한 내역을 수입과 운용으로 나누어 생각해야 합니다. 수입은 월급 등과 같이 돈을 버는 것, 운용은 벌어들인 돈을 투자를 통해 늘리는 것입니다.

OUT은 '매월 얼마가 나가는가'를 정확하게 파악하는 것으로 낭비, 소비, 투자의 3가지로 나누어 생각해야 합니다. 생활하는 데 특별히 필요하지 않는 것(취미, 기호)에 돈을 쓰는 게 낭비, 생활하는 데 필요한 것(월세, 식비, 세금 등)에 돈을 쓰는 게 소비, 미래에 성공할 가능성이 높다고 판단한 것(주식, 투자신탁, 부동산 등)에 돈을 쓰는 게 투자입니다. 참고로 투자의 한 종류로 포함되는 '자기 투자'는, 자신의 성장(독서, 공부, 자격 취득 등)에 돈을 쓰는 것입니다.

후에 제가 설명할 용돈 규칙은 이러한 개념을 완벽히 적용한 것입니다. 스스로 돈을 파악하고 관리하는 습관을 익히고, 돈을 버는 재미, 운용하는 즐거움 등을 깨닫게 하는 방법을 알고 싶다면 3장을 참고해 주시길 바랍니다.

부모가 담당해야 할 2가지 분야

다만 어른과 아이의 IN · OUT은 조금 나누어 생각해야 합니다.

예를 들어, 소비와 투자는 아이가 용돈을 활용하도록 하는 것보다 부모가 대신해 주는 것이 좋습니다. 아이와 관련된 소비 항목은 학교생활에 필요한 문방구나 옷, 신발 등의 구입비입니다. 이는 꼭 필요한 것들이므로 "용돈을 아껴서 사도록 해"라고 지도하는 것이 아니라, 필요할 때 부모가 직접 사 주는 것이 좋습니다.

또 아이와 관련된 투자 항목은 공부나 운동 관련 학원비, 책 구입비 등입니다. 이것도 용돈과는 별도로 부모가 책임지는 것이 좋습니다. 스스로에게 투자하는 것이기에 '자기 투자'라고 하지만, 어릴 때는 '부모가 아이에게 투자'하는 것이 일반적입니다.

저는 아이의 성장과 관련된 것은 절대 아끼지 않는 게 좋다고 생각합니다. 아이들을 키워 본 부모로서 이 부분은 여러분에게 꼭 강조하고 싶은 것 중 하나입니다.

'성장을 위해 돈을 쓰면 그만큼 성장한다'라는 성공 체험을 어릴 때부터 갖게 되면, 그 아이는 어른이 되어서도 자기 투자를 게을리하지 않고, 자율적으로 성장할 수 있기 때문입니다.

부모가 아이에게 투자를 할 때, 이런 식으로 말하며 돈을 지원하는 목적을 아이에게 전하는 것도 의미가 있다고 생각합니다.

"네가 스스로 더 잘하고 싶고 더 많이 성장하고 싶다고 진심으로 생각하면, 아빠 엄마도 그것을 위한 지원은 아끼지 않을 거야. 너를 항상 응원할게. 파이팅!"

부모가 만들어 주는 좋은 돈 습관

아이는 부모가 사라진 후의 세상도 살아가게 됩니다. 그래서 '어떤 시대든 살아갈 수 있는 힘을 길러 주는 것'이 부모가 아이에게 해 줄 수 있는 최고의 교육이라고 생각합니다. **돈을 대하는 자세, 다루는 법을 익히는 것은 인생의 '토대'를 단단하게 다지는 것과 같습니다.**

앞으로의 시대는 변화의 속도가 점점 더 빨라지고, 새로운 지식이나 기술을 끊임없이 습득하지 않으면 살아가기 힘든 세상이 될 것입니다. 물론 그 변화에 적응해 가는 것도 중요하지만, 토대가 튼튼하지 않으면 그 변화에 휘둘리고 맙니다. 하지만 반대로 토대가 튼튼하면 바람에 쓰러질 일도 없으며, 만약 상처를 입었다 하더라도 금방 회복할 수 있습니다.

찰스 두히그Charles Duhigg의 세계적인 베스트셀러『습관의 힘』에 의하면, 하나의 습관을 바꾸는 데 성공하면 인생 전체를 극적으로 변화시킬 수 있다고 합니다. 그 열쇠를 쥐고 있는 습관을 '핵심 습관Keystone Habit'이라고 부릅니다. 돈에 관한 좋은 습관을 익히면 인생 전체가 좋은 방향으로 변화합니다. 이것은 저의 성장 경험에서 터득한 것이기에 분명하게 말할 수 있습니다.

그러므로 내 아이에게 즐겁고, 실천적인 최고의 돈 교육을 하길 바라는 것입니다. **아이에게 좋은 돈 습관을 만들어 주고, 더 나은 인생으로 변화시켜 줄 수 있는 사람은 바로 부모입니다.**

(1장 요약)

* 부모가 용돈을 주는 방식은 아이의 미래를 좌우한다.

* '용돈을 받는 기간'은 '돈을 대하는 자세에 관한 훈련 기간'이다.

* IN과 OUT을 제대로 다뤄야만 부자가 될 수 있다.

* '모으기'만 하고 '쓰기'를 하지 않으면 부자가 될 수 없다.

* 부자는 돈을 도구로 보고, 빈자는 돈을 감정적으로 본다.

* 아이의 성공 체험은 미래에 자기 투자로 이어진다.

* 아이에게 좋은 돈 습관을 물려줌으로써 더 나은 인생을 선물해

   줄 수 있는 사람은 바로 부모다.

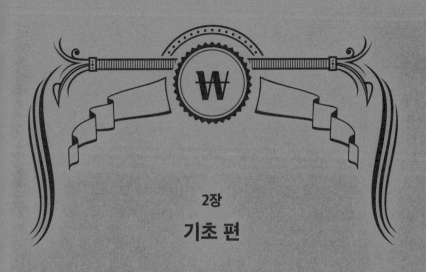

2장

기초 편

· · · · · · · · · · · · ◆ · · · · · · · · · · · · ·

우리 아이 부자 되는
돈 교육 첫걸음

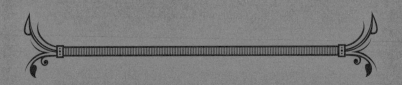

돈 교육이란
무엇을 가르치는 것일까?

돈 교육의 2가지 정의

이 장에서는 먼저 돈 교육이란 무엇인지, 돈 교육을 위해서 부모가 아이에게 어떤 것을 가르쳐야 하는지를 설명하도록 하겠습니다. 기초적인 내용부터 설명하는 이유는, 돈 교육은 학교에서도, 가정에서도 지금까지 체계적으로 가르치지 않았던 분야이기 때문입니다.

돈 교육에 대한 정의는 다음과 같습니다.

① '돈이란 무엇이며, 어떻게 해야 올바르게 얻을 수 있는 것인가?'를 가르쳐 배움을 통해 평생 습관이 되도록 한다.

② 돈을 컨트롤(파악 → 구분 → 관리)하는 능력을 가르쳐 배움을 통해 평생 습관이 되도록 한다.

용돈 규칙을 통해 돈 교육을 한다는 의미는 이 2가지를 가르친다는 의미입니다. 하나씩 구체적으로 설명하겠습니다.

① 돈이란 무엇이며, 어떻게 해야 올바르게 얻을 수 있는 것인가?

1장에서 저는 '돈은 편리한 도구이며, 그 자체는 좋은 것도 나쁜 것도 아니다'라고 말했습니다. 이러한 돈의 본질은 자녀에게 반드시 알려 줘야 한다고 생각합니다.

게다가 중요한 건 '어떻게 해야 올바르게 얻을 수 있는 것인가?'를 가르치는 것입니다. 단순히 돈을 얻는 게 중요하다면, 극단적으로 말해 강도나 사기와 같은 범죄를 통해 돈을 얻어도 괜찮은 게 됩니다.

중요한 것은 돈은 누군가로부터 받는 '감사'의 대가라는 생각입니다. 감사의 질량이 크면 클수록 많은 돈을 얻을 수 있습니다. 이것을 제대로 설명하지 않으면 '하고 싶지 않은 일을 장시간 하기 때문에 월급을 받는 것이다', '나쁜 일을 하지 않는 한 큰돈을 벌 수 없다'라는 돈에 대한 오해가 생길 수 있습니다.

② 돈을 컨트롤(파악 → 구분 → 관리)하는 능력

한마디로 돈이라고 하면, IN과 OUT으로 구분된다는 것과, IN>OUT의 생활을 해야지만 돈이 쌓인다는 것을 가르칩니다.

또, IN의 내역에는 수입과 운용, OUT의 내역에는 낭비, 소비, 투자가 있다는 것도 가르칩니다.

돈 교육의 목적은 평생 습관을 남겨 주는 것

돈 교육의 목적은 당신의 소중한 아이에게 '평생 습관'을 길러 주기 위함입니다. '기술 습득의 4단계'라는 사고방식을 아시나요? 이 사고방식은 아래처럼 분류됩니다.

- **1단계**: 모른다.
- **2단계**: 알고 있지만 할 수 없다.
- **3단계**: 의식하면 할 수 있다.
- **4단계**: 의식하지 않아도 할 수 있다.

자전거를 예로 들어 보겠습니다.

- **1단계**: 자전거를 모른다.
- **2단계**: 자전거의 운전 원리는 알고 있지만 탈 수 없다.
- **3단계**: 탈 수 있지만, 비틀거려서 위험한 상태다.
- **4단계**: 자연스럽고 편하게 자전거를 탈 수 있다.

1단계부터 3단계까지는 자전거를 익히는 상태고, 4단계에 이르러서야 비로소 "나는 자전거를 탈 수 있다"라고 말할 수 있습니다. 돈에 관해서도 똑같습니다.

"돈에 대한 컨트롤은 중요하죠. 머리로는 잘 알고 있습니다. 지금은 좀 바빠서 하지 못하고 있지만……."

"'IN>OUT 생활'은 좀 어색해서 그렇지, 마음먹으면 당연히 할 수 있죠."

알고 있지만 할 수 없거나, 의식하면 할 수 있다는 식의 이런 수준으로는 아무런 의미가 없습니다. **의식하지 않아도 자연스럽고 편하게 자전거를 탈 수 있어야 하듯이, 특별하게 아무것도 의식하지 않아도 돈의 IN·OUT을 다룰 수 있는 상태가 되어야 합니다.**

이것이 돈 교육이 목표로 하는 수준입니다. 이런 평생 습관을 당신의 소중한 아이에게 남겨 주길 바랍니다.

평생 경제력의 기초는
초등학생 때 다져진다

돈 교육은 초등학생 때부터

"아이에게 무언가를 가르치고 싶다면 초등학생 시기가 좋다."

교육학이나 심리학 등의 여러 전문가에게 물었더니 이와 같은 조언을 들었습니다. 운동이면 '신체의 기본적인 움직임', 공부면 '배움의 즐거움과 묘미'가 기초적인 것에 해당합니다.

돈 교육도 공부나 운동과 같습니다. 초등학생 때 시작하는 것을 강력 추천합니다. 그렇다면 왜 초등학생 때 교육하는 것이 좋을까요? 그것은 마음이 순수하고 비어 있는 상태일 때 부모의 조언과 교육이 쉽게 주입되기 때문입니다. 아이에게는 처음 겪는 일이라 습관이나 자신만의 생각이 거의 없습니다. 마른 스펀지가 물을 잘 흡수하는 것처럼 부모의 조언을 그대로 받아들이며 습관화도 쉽게 이루어집니다.

모든 것에 해당하는 말이지만, 어설픈 지식이나 이상한 습관이 들어 버린 상태에서 무언가를 배우면 숙달되기 힘듭니다. 운동도 공부도 초등학생 때 기초를 튼튼하게 다져 놓아야 그 후의 성장 속도와 성장 각도가 크게 바뀔 수 있습니다.

초등학생 때가 최적인 이유

앞서 말했듯, 돈에 대한 지식이나 인식, 돈과의 관련성을 생각하더라도 용돈을 통해 돈 교육을 시작하는 것은 초등학생 때가 최적입니다. 그 이유를 보다 자세히 알아보겠습니다.

우선 유치원이나 어린이집에 다니는 취학 전 아동은 돈을 사실적으로 다루는 것이 상당히 어려운 시기입니다. 소꿉놀이에서 장난감 돈을 만져 보거나 슈퍼나 편의점에서 부모가 물건을 사는 모습을 보기도 하겠지만, '자신이 가지고 싶은 물건을 스스로 산다'라는 감각은 아직 없다고 할 수 있습니다.

중학생이 되면 친구의 말과 행동, 선생님의 가르침, 책과 인터넷에서 얻은 지식 등 외부 영향을 많이 받아 부모가 말하는 것을 그대로 받아들이지 않는 경향이 있습니다. 특히 이 시기가 되면, 친한 친구의 가치관에 영향받는 일이 많아집니다. "내 친구는 용돈으로 매월 ○○원이나 받아. 다른 친구들도 모두 그래"와 같이 '세상의 가치 기준 = 친구의 가치 기준'이 돼 버려서 제대로 된 돈 교육을 하기가 이미 쉽지 않습니다.

고등학생이 되면 아르바이트를 할 수 있게 됩니다. 자기가 일을 해서 받는 돈이 더해지기 때문에 부모가 정한 규칙 속에서 돈을 조절하는 훈련을 하는 것은 대단히 힘들어집니다. 이미 가치관이 완성되었다고 해도 과언이 아닌 상태입니다.

그런 의미에서 용돈을 통한 돈 교육을 시작하기 좋은 시기는 이렇게 정리해 볼 수 있습니다.

- 초등학생 때
- 친구들과 노는 중에 자기가 가지고 싶은 것(만화책이나 과자 등)이 생겼을 때(대략 저학년 정도 시기)

- 새 학년이 되는 3월, 여름방학에 들어가는 7월, 세뱃돈을 받는 1~2월일 때

'마음이 순수한 시기'만의 리스크

여기까지는 '마음이 순수하고 비어 있는 초등학생 시기에 올바른 돈 교육을 시작해야 한다'라는 내용에 대해 이야기했습니다. 그런데 이것을 뒤집어 보면 '마음이 순수하고 비어 있는 초등학생 시기는 잘못된 돈의 인식이나 가치관에도 물들기 쉽다'라고도 말할 수 있습니다.

예를 들어 부모가 TV 프로그램을 보면서 "돈이 많아도 별반 좋을 게 없다"라고 말하거나, 돈 쓰는 방법을 가지고 부부 싸움이 끊이지 않으면 아이는 돈에 대해 부정적인 생각을 갖게 됩니다.

또 부모가 복권의 당첨 여부에 일희일비하면, 아이는 '돈을 많이 벌면 기쁘고, 돈을 잃으면 슬프다'라는 감정과 동시에 '많은 돈을 버는 것은 운이 좋은 사람이고 보통 사람에게는 힘든 일이다'라고 생각하게 되겠죠.

그리고 또 부모가 기분이 좋을 때만 요란하게 용돈을 주면 아이도 돈에 대해 가벼운 감각을 갖게 됩니다.

다시 말해 부모의 돈을 대하는 자세, 부모의 돈을 다루는 방법이 마음이 순수하고 비어 있는 초등학생 때 있는 그대로 아이에게 '유전'되어 버린다는 것입니다. 그러므로 '가정에서의 돈에 대한 말과 행동'에 주의하고, 용돈을 주는 행위를 가볍게 생각해서는 안 됩니다.

대표적인 용돈 주는
4가지 방법

용돈 주는 4가지 방법의 개념과 영향

용돈을 주는 방법에 관해 모임 회원들에게 설문 조사를 하고, 그 이외에도 다양한 사람들에게 설문 조사를 행한 결과, 크게 4가지 방법으로 나눌 수 있었습니다.

① **정액제**: 매일, 매주, 매월 등 정해진 때에 같은 금액을 준다.

② **보상제**: 청소, 설거지 등 부모를 돕는 대가로 돈을 준다.

③ **무제한제**: 아이가 요청할 때마다 제한 없이 돈을 준다.

④ **무급제**: 용돈을 주지 않는다.

이러한 용돈을 주는 방식은 아이가 어른이 된 후의 직업이나 돈을 쓰는 방법에 큰 영향을 미칩니다. 각각의 방법이 어른이 된 후의 직업이나 돈 습관에 어떻게 영향을 미치고, 또 어떤 경향을 보이는지 차근차근 설명해 보겠습니다.

① 정액제

정액제는 매일, 매주, 매월 등 정해진 때에 같은 금액을 주는 방법입니다.

'어릴 때는 용돈을 매일, 매주처럼 짧은 기간에, 조금 크면 기간을 늘려서 매월 준다'라고 생각하는 분들이 많을 것입니다. 4가지 방법 중 가장 보편적이고 많은 비율을 차지하는 것이 정액제입니다. 이런 '매월 1회 정액의 수입이 있다'라는 구조에서 무엇이 떠오르나요? 그렇습니다. 회사에서 급여를 받는 직장인과 같습니다.

정액제로 용돈을 받는 아이는 다른 방법(보상제 등)을 모르기도 하고, 매우 솔직하게 '용돈(미래의 급여)은 정해진 시기에 같은 금액을 받는 것이다'라고 인식합니다. 또 당연히 '같은 금액밖에 받을 수 없기 때문에 사고 싶은 것을 전부 살 수 없고, 무엇을 살지 생각하지 않으면 안 된다'라고 생각합니다.

그래서 미래에 자신의 직업을 선택할 때, '정해진 시기에 같은 금액을 받을 수 있는 일'에 안정감을 느끼기 쉬운 경향이 있습니다. 그 결과, 직장인의 길을 선택하는 사람이 많습니다. 또 '수입에는 한계가 있다'라는 것을 체감하기 때문에 어른이 된 후의 돈 사용법에서도 IN>OUT의 대원칙을 지킬 수 있는 사람이 많습니다.

다만, 한편으로는 자신의 꿈이나 갖고 싶은 것을 줄여서 생각하는 경향이 있습니다. '이번 달 얼마, 1년간 얼마'라고 수입이 예상되기 때문에 그 범위 내에서 생각하는 버릇이 생깁니다.

이는 미래에 새로운 비즈니스를 시작하거나 창의적인 일을 하려 할 때 장애물이 될 가능성도 있습니다.

② 보상제

보상제는 부모를 돕는 것에 대한 대가로 돈을 주는 방법입니다.

식사 후 정리나 설거지, 빨래 개기, 욕실 청소, 심부름 등 아이들에게 집안일을 돕게 할 수 있는 방법은 아주 많습니다. 저도 자주 아이들에게 "아빠 차 좀 세차해 줄래?"라고 부탁해서 도와주면, "고마워. 도움이 많이 됐어"라고 말하며 돈을 줍니다.

보상제로 용돈을 받는 아이들도 역시 다른 방법(정액제 등)을 모르기 때문에, '용돈(미래의 돈벌이)은 무언가 도움 되는 일을 하면 주는 것이구나'라고 인식합니다.

그런 방식으로 일하는 직업은 자영업이나 기술자, 직장인 중에서도 보험 설계사나 자동차 딜러 등입니다. 용돈을 보상제로 받는 아이는 미래에 자신의 직업을 선택할 때, '열심히 일하면 일할수록 보상이 주어지는 직업'에 보람을 느끼기 쉬운 경향이 있습니다.

그 결과, 회사를 설립자나 개인 사업자가 되거나, 회사에서 근무를 하더라도 완전 급여제가 아닌 인센티브제를 선호하는 사람이 많습니다.

한편 '돈이 들어오는 데 기복이 있다', '돈이 없으면 다시 일하면 된다'라는 가치관이 생기기 때문에 IN에 관해서는 자신감을 갖고 있지만, OUT의 통제는 그다지 크게 신경 쓰지 않는 경향이 보였습니다.

③ 무제한제

그때그때 지급하는 방식은 아이가 부모에게 "엄마, 이 장난감 사 줘"라고 조르면 바로 사 주고, "아빠, 친구랑 놀러 가기로 했는데 1만 원만 줘"라고 말하면 바로 돈을 주는 유형입니다. 이 유형은 가정 상황에 따라 2가지 경우로 나뉩니다.

하나는 아이에게 거의 모든 것을 사 주는 경우입니다. 매우 풍족한 부모가 아이가 원하면 무엇이든 사 주는 패턴이 여기에 해당되겠죠. (여러분의 초등학교 시절 고급 주택에 살며 모든 장난감을 가지고 있었던 친구가 떠오르지 않나요?)

또 유복하지는 않아도 부모가 일이 바빠 아이와 함께 있는 시간이 매우 적어 그 죄책감 때문에 어울리지 않을 정도의 큰돈을 주는 패턴도 이에 해당합니다. "이 돈으로 사고 싶은 것 마음대로 사", "이 돈으로 먹고 싶은 것 마음대로 먹어"라며 돈을 주는 경우죠.

실제로 제 지인 아이에게 이런 말을 듣기도 했습니다.

"초등학생인데 지갑에 몇십만 원을 넣고 다니며 '게임장에 같이 가지 않을래? 돈은 내가 낼게'라고 말하는 친구가 있어요."

다른 하나는 무엇이든 사 주는 것이 아니라, 필요한 물건인지 아닌지를 그때그때 부모가 판단하여 사 주는 경우입니다.

이 경우 부모가 항상 판단을 하기 때문에 필요 이상으로 부모의 눈치를 살피는 경향이 있습니다. 만약 부모가 기분파여서 항상 감정에 치우치고 말하는 것이 그때그때 다른 경우라면 아이는 항상 혼란스러울 수 있습니다. 최악의 경우는 항상 어떻게 해야 할지 부모에게 판단을 요청하고 스스로 무언가를 결정하지 못하는 아이가 돼 버릴 위험을 안고 있습니다.

결국 그때그때 지급하는 2가지 경우 모두 돈을 컨트롤하는 배움의 장 그 자체를 빼앗아 버리고 있는 것입니다.

이 방식으로 돈을 받는 아이들도 역시 다른 방법(정액제나 보상제)을 모르기 때문에 '무언가 필요한 것이 있으면 부모에게 말하면 된다'라는 인식을 가지고 성장합니다. 그러한 방식으로 일하는 직업은 안타깝게도 존재하지 않습니다. 굳이 비유하자면 유럽의 귀족이 아닐까 싶습니다.

자신이 갖고 싶다고 생각한 것을 무제한으로 받고, 자신이 쓰고 싶은 돈을 바로 받을 수 있는 아이는 '쓸 수 있는 돈에는 한계가 있다'라는 감각을 갖기가 힘듭니다. 돈은 샘물처럼 솟아나는 것이라는 인식이 있기 때문에 어른이 되어서도 돈을 제대로 다루기 힘듭니다. 주변에 돈을 관리해 주는 사람이 있으면 생활은 가능하지만, 그렇지 않으면 생활이 불가능할 수도 있습니다.

④ 무급제

무급제는 용돈을 주지 않는 방식을 말합니다. 제가 조사한 바에 의하면, 용돈을 주지 않는 이유가 아이의 성장에 좋다고 생각했기 때문이라고 답하는 사람은 전혀 없었습니다. 경제적 이유, 즉 "집이 가난해서 용돈을 줄 여유가 없었습니다"라는 답뿐이었습니다.

용돈이 없다는 것은 돌려 생각하면 자신의 노력으로 어떻게든 돈을 만들어 내야 한다는 것을 의미합니다. 그렇다고 해도 집에는 돈이 없기 때문에 보상제처럼 집안일을 도와도 돈을 받을 수 없습니다.

그럼 아이는 어떻게 행동할까요? '집 밖의 세계'에서 돈을 벌려고 생각할 것입니다. '어렸을 때, 빈 병을 모아 가게에 가져다주고 돈을 받거나 동네 어른의 일을 도와주거나 심부름을 대신해 주고 돈을 받았다'라는 에피소드를 저에게 들려주신 분들이 있습니다.

제가 이끄는 모임 회원 중에 이 유형에 해당하는 사람들은 사업에 성공한 사람들뿐입니다. 그런 어린 시절을 지혜와 노력으로 이겨 냈다는 자신감이 그들을 그렇게 만들었는지, 매우 활력 있고 아이디어가 넘치며 인생을 긍정적으로 살고 있습니다. 또한 돈의 소중함을 알고 있어서 돈을 낭비하지도 않으며 IN> OUT의 대원칙을 지키고 돈을 잘 컨트롤합니다.

이것만 보면 무급제도 나쁘지 않다고 생각하기 쉽지만, 한편으로는 보통 빈민층이라고 불리며 용돈을 받기 힘들 정도로 가난한 가정에서 자란 분이 많은 것도 사실입니다. 용돈을 받지 못했던 사람 중에 성공한 사람은 극히 일부로, 일반적으로는 자존감도 낮고, 돈 교육을 포함한 다른 교육도 제대로 받지 못하는 상황이기 때문에 부자가 되기는 좀처럼 쉽지 않습니다.

아이는 부모의 삶의 방식을 정답이라고 생각한다

지금까지 설명한 경향이 모든 사람에게 해당하는 것은 아닙니다. 어디까지나 경향일 뿐입니다.

예를 들어 "나는 아이에게 정액제 방식으로 용돈을 줬지만, 졸업 후에는 직장인이 되지 않고 갑자기 개인 사업자가 되어 일하기 시작했다"라고 말하는 분도 있을 것입니다. 많은 예외가 있을 것이라 생각합니다.

제가 가장 중요하게 전달하고 싶은 것은 특히 유소년기의 인격 형성에 있어서 부모의 영향은 대단히 크다는 것입니다. 그 이유는 아이는 부모의 삶의 모습 외에는 알지 못하기 때문입니다.

조금 지저분한 이야기지만, 화장실을 예로 들어 보겠습니다. 다른 가정이 어떤 방법으로 용변을 처리하는지 대화를 나누지 않는 이상 우리는 전혀 알지 못합니다. 식사, 목욕, 수면 방법, 사물과 세상을 파악하는 법, 사고방식 등도 마찬가지입니다. 아이에게 있어서 이러한 방법들의 표본은 가족밖에 없습니다. 부모가 '이런 것이다'라고 생각하여(또는 거기까지 생각하지 않더라도 무의식적으로) 행동한 것을 아이는 보고 들으며 자랍니다.

그리고 다른 비교 대상이 없기 때문에 그것을 '정답'이라 생각하고 자신의 마음속에 저장합니다. 이렇게 보고 듣고 마음속에 저장하다 보면, 쌓이고 쌓여서 아이의 가치관이 되는 것입니다.

어른으로 성장하여 인생을 사는 동안 큰 사건이나 극적인 만남에 의해 인생관이 바뀌는 일도 당연히 있을 것입니다. 하지만 이것만큼은 자신 있게 말할 수 있습니다. 한 사람의 토대가 되는 초기 인생관은 유소년기 시기, 부모가 만든다고 해도 과언이 아닙니다. **돈에 관한 생각, 가치관, 자세 등도 예외 없이 기본적으로 부모의 사고와 언행을 정답으로 간주합니다.**

용돈 주는
4가지 방법의 장단점

최적의 용돈 주는 방법을 고민하다

앞에서 용돈을 주는 4가지 방법을 소개했습니다. 여기서는 좀 더 깊게 들어가서 각각의 장단점에 관해 설명해 볼까 합니다. 각각의 장단점에 근거하여 '최적의 용돈 주는 방법'을 고민해 보고 싶기 때문입니다.

① 정액제

정액제의 장점은 일정 기간 동안에 한정된 금액으로 생활하라는 자율성이 높은 규칙이기 때문에 아이가 자기 나름대로 고민하고 노력하게 된다는 것입니다. 아이는 '무엇을 살까? 만화책? 과자? 장난감? 아니면 3가지 모두를 살 수는 없으니 하나는 포기할까. 아! 과자에 쓸 돈을 조금 줄이면 만화책도 장남감도 살 수 있지 않지 않을까?'라며 이런저런 생각을 하기 시작합니다.

정액제의 단점은 2가지가 있습니다.

하나는 부모가 제대로 교육하지 않으면 아이는 '돈은 정기적으로 받을 수 있는 것'이라는 오해를 할 가능성이 있다는 것입니다.

아이의 용돈은 부모가 일을 해서 세상으로부터 감사를 모아, 그 대가로 받는 돈의 일부를 지급하는 것입니다. 이것을 가르치는 것은 정액제뿐만 아니라 모든 용돈 주는 방법에 있어 꼭 필요한 일입니다. 특히 정액제의 경우 같은 주기, 같은 금액을 반복하기 때문에 아이가 '당연히 받는 것'이라고 착각하기 쉽습니다. 그래서 주의가 필요합니다.

다른 하나는 '용돈 전부를 써 버려도 지급일이 오면 또 받을 수 있다'라는 생각으로 전부 소진하는 버릇이 생길 위험성이 있다는 것입니다.

1장에서 연 수입 2억 원, 금융자산 제로인 부부의 사례를 이야기했는데(29쪽 참조), 이는 비슷한 경우입니다. 그 때문에 용돈을 줄 때는 아이가 '전부 써도 괜찮다'라는 감각을 가지지 않도록 고민해야 할 필요가 있습니다.

② 보상제

보상제의 장점은 '세상의 곤란한 일을 해결하고, 상대를 기쁘게 하면 수입이 생긴다'라는 비즈니스 대원칙을 실제로 체험할 수 있다는 것입니다.

이런 체험의 유무는 미래에 아이가 비즈니스에서 성공할 수 있는지 없는지를 크게 좌우합니다. 다만 부모가 "네가 대신 심부름해 줘서 정말 도움이 됐어. 그동안에 빨래랑 방 청소를 할 수 있었어. 그 시간을 만들어 줘서 고마워"라는 형태로 '자신의 곤란함을 해결해 준 대가로 네게 이 돈을 준다'라고 분명하게 알려 주지 않으면 보상제로 용돈을 주는 의미는 희미해지고 맙니다.

보상제는 비즈니스의 대원칙을 배울 수 있는 장점이 있긴 하지만, 한편으로는 단점도 있습니다. 그것은 '돈을 받을 수 없으면 하지 않는다'라는 생각을 가진 사람으로 성장할 위험성입니다.

"지금 너무 바쁘니까 욕실 청소 좀 해 주면 안 될까?"라는 부탁을 했을 때, 아이에게 "돈을 주면 해 줄게"라는 말을 들으면 매우 충격일 것입니다. 이런 사람이 당신 주변에도 있지 않나요? 모두가 새로운 무언가에 도전해 보자고 분위기가 고조됐을 때, "그걸 하면 우리에게 뭔가 이익이 있나요?", "그게 돈이 됩니까?"라며 뭐든지 대가를 원하는 사람 말입니다.

또 인색함을 갖게 될 위험성도 있습니다. 돈은 써야 할 곳에 잘 쓰지 않으면 늘어나지 않습니다. 하지만 보상제는 그러한 감각이 생기기 힘들 수도 있습니다. 즉 보상제는 '양날의 검'인 것이죠.

③ 무제한제

이 방법의 장점은 '세상을 바꿀 혁신을 일으키는 대천재를 키울지도 모른다'라는 것입니다. 왜냐하면 돈에 대한 제약 없이 성장하기 때문입니다. 보통 사람이 '엄청나게 좋은 아이디어가 있지만 현실화하기 위해서는 많은 돈이 필요하다'라고 생각해 포기하는 장면에서도, 돈에 대해 좋든 나쁘든 제약이 없기 때문에 '어떻게든 되겠지'라고 생각할 수도 있습니다. 이른바 천진난만한 타입인 것이죠.

대성공을 거둔 아티스트나 프로 스포츠 선수의 자녀가 '부모의 블랙카드(사용 금액 제한이 없는 신용카드)로 친구들에게 비싼 식사를 샀다'라는 이야기를 들은 적이 있습니다. 제게는 그들이 돈에 대한 제약을 느끼지 못하고 자유로운 발상으로 사물을 바라보는 것처럼 보입니다. 예술가 중에 '부유한 집안에서 자랐다'라는 사람이 많은 이유가 여기에 있습니다.

그렇다 해도, 이 방법에는 장점보다 더 큰 단점이 있습니다. 그것은 돈을 컨트롤하는 감각이 전혀 길러지지 않는다는 것입니다. 다시 말해, '어른이 되어서도 자신의 힘으로 생활이 힘들다'라는 것을 의미합니다. 우연히 좋은 사람을 만나서 '자신을 대신해 돈을 컨트롤해 줄 사람(게다가 자신을 배신하지 않고 평생 곁에 있어 줄 사람)'이 있으면 살 수 있을지도 모릅니다. 하지만 이런 사람이 없으면 바로 생활이 파탄에 직면합니다.

모임 회원 중에도 실은 이 방법으로 용돈을 받은 사람이 몇 명 있었습니다. 저는 신기해서 "돈을 컨트롤하는 감각은 어디서 어떻게 터득했습니까?"라고 물었습니다. 그랬더니 그들은 "젊었을 때 사업에 실패한 적이 있었는데 '이대로는 절대 안 되겠다'라고 생각해서 처음부터 다시 돈 공부를 했습니다"라고 답했습니다.

이 이야기로 알 수 있는 것은, '성공하기 위해서는 돈을 컨트롤하는 감각을 인생의 어느 시점에서는 반드시 익혀야 한다'라는 것입니다.

또 하나 중요한 것은, 제 모임의 회원은 우연히 행운을 잡았다는 것입니다. 왜 행운일까요? 그것은 평생 다시 일어나기 힘들 정도는 아니었지만, '나를 바꾸지 않으면 안 된다'라는 각성을 할 수 있을 만큼의 실패를 인생의 빠른 시점에서 경험할 수 있었기 때문입니다. 그 경험이 없었다면 그들도 인생이 파탄에 빠졌을 수도 있습니다.

그래서 저는 부모가 아이에게 무제한으로 용돈을 주는 것을 추천하지 않습니다. 어쩌면 앞서 말했듯, 돈에 대한 제약을 느끼지 못하고 자유로운 발상으로 사물을 보고, 세상에 혁신을 일으키는 대천재로 자랄지도 모릅니다. 다만 돈을 잘 관리해 줄 멋진 파트너가 평생 곁에 있어야 하고, 젊었을 때 인생의 큰 실패를 맛보아야 할 수도 있습니다.

다시 말해, '하이 리스크 하이 리턴high risk high return'의 돈 교육인데, 이런 방법으로 아이를 키우는 것은 일종의 도박이라 할 수 있습니다.

또한 '우리 집은 정액제여서 무제한제와는 전혀 관계가 없다'라고 생각한다면 큰 오산입니다. 머리말에서 소개한 '아이의 조름에 못 이겨 용돈을 주고 마는 아빠'도 사실은 형태를 달리한 무제한제의 경우입니다. '평소에는 정액제이니까 한 번쯤은 괜찮겠지'라거나 '금액이 적으니 별다른 영향이 없을 거야'라며 가볍게 생각해서는 안 됩니다.

④ 무급제

이 방법의 장단점은 '이 상황을 아이가 어떤 태도로 받아들일까?'로 나뉩니다.

이 상황을 긍정적으로 받아들여서, '그렇다면 내가 돈을 벌 수 있는 방법을 찾아보자'라고 생각해 실제로 돈을 벌게 된다면 그 일련의 프로세스는 대단히 훌륭한 성공 체험이 됩니다.

입지전적인 유명 기업가 중에는 "불우한 유소년기가 자양분이 되었다", "가난에서 반드시 벗어나겠다는 강한 의지가 원동력이 되었다"라고 말하는 사람이 많습니다. 제 모임의 회원 중에도 극소수이긴 하지만 용돈을 받을 수 없는 가정 형편에서 자란 사람들이 있었습니다. 그들의 경영자 감각은 유소년기의 창의적 고민에 의해 갈고닦을 수 있었다고 생각합니다. '경제 지식이 중요하다', '써야 할 때는 돈을 쓴다'와 같이 성공에 필요한 원칙도 잘 이해하고 있었습니다.

반대로 이 상황을 부정적으로 받아들이면 어떻게 될까요?

'친구가 아무렇지도 않게 사는 장난감과 과자를 나는 못 산다.'
'친구들이 부모에게 갖고 싶다고 말하는 행동을 나는 해서는
안 된다.'

이렇게 생각하면 아이의 자존감은 완전히 떨어지고 맙니다.
새로운 것에 도전하려는 생각이나 성장하고자 하는 의욕을 잃어
버려서, 미래에 대한 꿈을 그릴 수 없게 되죠.

제가 조사한 바로는, 무급제 패턴 속에서 자란 사람 중에는
상황을 긍정적으로 받아들여 성공한 사람이 있는가 하면, 상황
을 부정적으로 받아들여 자신감을 갖지 못한 채 성장한 사람도
있었습니다.

하지만 세상에는 대부분 부정적으로 받아들이는 사람이 많습
니다. 그래서 이런 상황을 선택할 수밖에 없는 경우는, 그 상황
을 긍정적으로 받아들일 수 있도록 하는 말을 부모가 아이에게
해 줄 필요가 있습니다.

돈을 잘 다뤄야 인생도 잘 풀린다

모든 용돈 주는 방법에는 장점만 있지도, 단점만 있지도 않습니다. 그렇기에 각자 가정에 맞게, 또 아이에 맞게 용돈 주는 방식을 찾아야 합니다.

앞서 반복해서 말했듯, 용돈 교육에서 가장 중요한 것은 '돈을 컨트롤하는 습관'을 길러 주는 것입니다.

예전에 어떤 프로 스포츠 선수에 관한 기사를 봤습니다. 프로 입단 전에는 '천재'로 불렸던 선수였지만, 지금은 제대로 활약을 하지 못하고 있습니다. 그 기사에는 '연봉보다 비싼 자동차를 샀다'라는 그 선수의 천문학적 씀씀이에 관한 내용이 실려 있었습니다. IN<OUT 타입의 전형인 것이죠.

돈을 잘 다뤄야 인생도 잘 풀립니다. 아무리 좋은 재능을 가지고 있어도 스스로를 통제하는 노력을 행하지 않으면 절대 성공할 수 없습니다. 그렇기 때문에 어릴 때부터 돈을 컨트롤하는 습관을 기르는 일은 꼭 필요합니다.

용돈 받는 방식이
아이의 감정 조절에 미치는 영향

어른이 된 후 충동구매하는 패턴

용돈을 받는 방식은 어른이 된 후 감정 조절과의 관련성도 대단히 큽니다. 특히 많은 영향을 받는 것은 무제한제 패턴 속에서 자란 사람입니다. '저 장난감이 갖고 싶다', '게임기를 사고 싶다'라고 생각할 때 "돈 줘"라고 조르면 부모가 돈을 주거나 사 줍니다. 이런 생활 방식 속에서 성장한 아이는 '참을성 없는 아이'가 됩니다.

그럼 어른이 되어서는 어떨까요? 높은 확률로 충동구매하기 쉬운 어른이 될 경향이 있습니다. TV 홈쇼핑을 보고 '저 상품 좋네'라고 느끼면 사야 하는지 사지 말아야 하는지를 생각하지 않고 바로 주문해 버립니다. 어쩌면 당연한 것일지도 모릅니다. 갖고 싶다고 생각한 순간 그 물건을 내 것으로 만들었기 때문입니다. 어렸을 적 감각이나 가치관은 이렇게 어른이 된 후에도 답습하게 됩니다.

'인내심'은 돈뿐만 아니라 다양한 것을 컨트롤하는 데 있어 아주 중요한 감각입니다. 용돈을 통해 '참는다', '흘려보낸다'라는 감각을 익히지 않으면 다른 사람과 타협하지 못하고 부딪히게 되거나, 조금이라도 잘 안 되는 일이 있으면 금세 포기해 버리는 '참을성 없는 어른'이 될 위험성이 있습니다.

'인내하는 감각'의 중요성

그렇다면 충동구매하기 쉬운 타입은 무제한제 패턴뿐일까요? 그렇지 않습니다. 사실은 무급제 패턴에서 자란 사람 중에서도 쉽게 충동구매를 하는 사람이 있습니다.

제 지인 중에 고급 차나 명품 물건 등을 펑펑 사는 사람이 있었습니다. 그는 사업이 성공해서 돈 버는 능력이 매우 뛰어났습니다. 한번은 어릴 때 이야기를 하게 되었는데 그에게 "용돈은 어떤 방식으로 받았어요?"라고 물었더니, "집이 가난해서 용돈을 받아 본 적이 없었어요"라는 답이 돌아왔습니다.

그의 말에 따르면 '어른이 되면 사고 싶은 것을 뭐든지 살 수 있는 삶을 살아야지'라는 마음으로 열심히 노력해서 여기까지 오게 되었다고 했습니다. 그러나 충분한 돈을 갖게 되었을 때 무엇이든 마음대로 살 수 있는 것이 너무 재미있어서 이젠 멈출 수 없는 상태에 이르렀다는 것이었습니다. "갖고 싶은 것을 살 수 있어서 기쁜 것과는 약간 다른 느낌입니다. 돈을 쓰지 않으면 왠지 불안해집니다"라는 그의 말을 잊을 수 없습니다.

무제한제 패턴의 경우는 어렸을 때 참는다는 감각을 익히지 못했기 때문에 어른이 되어서 충동구매를 합니다. 한편 무급제 패턴의 경우는 참는 것을 강요당했기 때문에 어른이 되어서 충동구매를 합니다.

결국 중요한 용돈 규칙은, 어떤 방법을 선택하든 아이에게 '인내하는 감각'을 길러 줘야 한다는 것입니다. 이에 대해서는 뒤에서 자세히 알아보도록 하겠습니다.

돈으로 인간관계를
살 수 있을까?

돈으로 우정을 사는 아이,
돈으로 관계를 맺는 어른

용돈을 받는 방식은 감정 조절뿐만 아니라 인간관계 구축에도 큰 영향을 미칩니다. 앞서 무제한제 패턴에 관해 설명하면서 부모가 아이와 함께하는 시간이 적다는 죄책감 때문에 너무 큰 용돈을 준다는 예를 소개했습니다. 그런 아이는 지갑에 몇십만 원씩이나 들어 있기도 합니다. 그리고 "게임장에 같이 가지 않을래? 돈은 내가 낼게"라며, 조금 극단적으로 말하면 돈으로 우정을 사려는 듯한 행동을 하기도 합니다.

돈으로 인간관계를 사는 모습은 어른들에게서도 볼 수 있는 행동입니다. 예를 들어, 한 기업의 담당자가 하청 업체에 대해 거들먹거리는 행동을 하는 것은, 돈으로 인간관계를 사는 전형적인 예입니다. 하청 업체에서 '일을 받아야 하니까 어쩔 수 없이 접대를 하지, 그렇지 않으면 이런 놈과 뭐 하러 상대를 하겠어?'라고 생각한다면 이는 인간관계가 아니라 돈으로 연결된 관계에 지나지 않습니다.

돈으로 인간관계를 산 사람의 말로

이렇게 돈으로 인간관계를 사는 인생을 살았던 사람으로, 일본판 '돈 후안Don Juan'이라 불렸던 남자가 있습니다. 한때 가십 뉴스 방송을 화려하게 장식했던 재력가 노자키 고스케野崎幸助입니다.

그의 인생은 굴곡이 많았습니다. 여성 4,000여명에게 300억 원을 쏟아붓고, 말년에는 현금 6,000만 원 이상을 교제하던 여성에게 도둑맞고, 결국 생의 마지막에는 각성제 과다 복용으로 인한 죽음을 맞이했습니다.

그에 관한 이야기를 엮은 책을 읽어 보면 그의 인생은 정말 기구했던 것 같습니다. 유소년기는 가난했고, '돈으로 여자의 마음을 사고 싶다'라는 생각이 강했으며, 주변에 돈을 믿고 맡길 수 있는 사람이 없었다고 합니다.

돈이라는 존재에 휘둘린, 그야말로 롤러코스터 같은 인생이라고 할 수 있습니다. **비록 한때 돈으로 인간관계를 사는 것에 성공했더라도 그것은 오래가지 못합니다. '돈이 떨어지면 연도 떨어진다'라는 말처럼 돈이 떨어진 순간 관계는 소멸해 버립니다.** 더욱이 본인도 '돈이 없으면 인간관계를 맺지 못한다'라는 불안 때문에 점점 더 모든 것을 돈으로 해결하게 됩니다.

안타깝게도 돈으로는 인간관계를 살 수 없습니다. 그런 잘못된 가치관을 아이에게 심어 주지 않도록 제대로 가르쳐야 합니다.

금융자산 2억 원을
가진 사람들의 공통점

금융자산 2억 원을 어떻게 만들었을까?

앞서 인내심의 중요성에 대해 말씀드렸습니다. 인내심은 제가 주재하는 모임의 회원들도 공통적으로 가지고 있는 자질입니다.

그들은 평균 40세 전후인데, '커다란 목적을 이루기 위해 일시적인 쾌락에 현혹되지 않는다'라는 감정 컨트롤에 많은 주의를 기울입니다. 그렇게 하지 않으면 사회에 나와 약 20년 만에 지금 당장 쓸 수 있는 금융자산을 2억 원 이상 만들 수 없기 때문입니다.

40세 전후에 그들은 어떻게 2억 원 이상의 금융자산을 만들 수 있었을까요? 그 이유는 다양한데, 크게는 3가지로 나눌 수 있습니다.

첫째, '유산상속'입니다.

모임에는 "상속으로 큰돈이 들어와서 상담하러 왔습니다"라며 저를 찾아온 사람들이 꽤 있습니다.

둘째, '저축'입니다.

다만, 2억 원을 모으기 위해서는 연간 2,000만 원을 모아도 10년, 연간 1,000만 원이면 20년의 세월이 걸립니다. 직장인이면 신입 사원 때부터 계획적으로 돈을 모으지 않으면 40세에 금융자산 2억 원에 도달하기는 매우 힘든 일입니다. 제 모임에는 경영자나 의사와 같이 자신의 사업체를 가지고 있거나 전문직이어서 수입이 상당한 사람들이 많았습니다.

셋째, '자산 운용'입니다.

대표적인 것은 '소유하고 있는 주식의 가격이 올라 2억 원 이상이 되었다'라는 경우입니다. 제 모임에 상담을 하러 오는 사람은 데이 트레이딩과 같은 단기 투자보다는 투자신탁 등을 통해 장기 투자를 하는 사람이 많습니다.

대략적으로 파악할 때, 모임 회원의 '유산상속 : 저축 : 자산 운용'의 비율은 '1 : 1 : 1' 정도였습니다.

물론 유산상속, 저축, 자산 운용의 3가지로 정확하게 나눌 수 있는 것은 아닙니다. "부모에게 받은 유산을 밑천으로 자산 운용을 했습니다"라는 경우는 유산상속과 자산 운용, 이 2가지에 해당하겠죠.

나에게 맞게 돈을 불리자

참고로 유산상속, 저축, 자산 운용 중에서 따라 하기 쉬운 방법은 저축과 자산 운용, 이 2가지 방법을 모두 하는 것이라 생각합니다. 그 이유는 유산상속은 아무리 노력해도 스스로 통제할 수 있는 것이 아니기 때문입니다.

저축은 '그리 많지 않은 수입에서 생활비를 아껴서 2억 원을 모은다', '사업을 해서 리스크를 줄이고 수입을 늘려서 2억 원을 모은다'처럼 어떤 방법이든 좋다고 생각합니다. 중요한 점은 자신이 할 수 있는 노력을 열성적으로 하는 것이 가장 확실한 방법이겠죠.

주식 등의 자산 운용은 주가가 오르면 금융자산은 늘어나고, 반대로 주가가 내려가면 자산은 줄어듭니다. 리스크를 동반하기 때문에 당연히 그 나름대로의 스킬이나 지식, 인내가 필요합니다. 경제 상황에 좌우될 때가 많기 때문에 스스로 컨트롤할 수 있는 요소가 적은 방법입니다. 단 어떤 종목을 살지, 언제 매매할지는 조절할 수 있습니다.

제가 하고 있는 부동산 투자는 자신의 행동량과 노력, 지식을 통해 패배할 요소를 극한까지 줄이는 것이 매력이지만, 어느 정도 투자금이 필요합니다. 그래서 자신에게 맞는 것을 선택하는 것이 좋습니다.

갑자기 큰돈을 손에 쥐었을 때, 반드시 가져야 할 하나의 감각

제가 가장 전달하고 싶은 말은 지금부터입니다.

돈을 불리는 3가지 방법 중 어느 경우라도 어릴 적부터 인내하는 감각을 키우지 않으면 금세 돈을 잃어버릴 수 있다는 것입니다. 특히 신경을 써야 할 것은 갑자기 큰돈을 손에 쥐게 될 경우입니다.

예를 들어, 유산상속으로 몇억 원의 돈을 갖게 된 사람이 그 돈으로 고급 차를 사거나 먹고 마시는 데 탕진해 버려서 눈 깜짝할 사이에 돈을 다 써 버렸다는 이야기는 아마도 많이 들었을 것입니다.

요즘 같으면 가상화폐로 큰돈을 번 사람도 있을 겁니다. 하지만 그 돈을 흥청망청 써 버리거나 더 많은 돈을 벌기 위해서 고위험 고수익 투자를 하다 전 재산을 날렸다는 이야기도 심심치 않게 들립니다.

어떤 방법으로 돈을 손에 넣었든 중요한 것은 '손에 넣은 후'입니다. 수중에 들어온 큰돈을 더 큰 수익을 위해 투자했다가 실패해서 전부 없어져 버린 경우는 '제로'이니 그나마 괜찮습니다. 그런데 큰돈을 쓰는 쾌감에 빠져 버리면 이전의 생활로 돌아갈 수 없게 되고, 정신을 차렸을 때는 몸도 마음도 너덜너덜한 마이너스 상태가 될 위험성이 있습니다. 이것이 정말로 무서운 점입니다.

TV에서 '복권으로 고액에 당첨된 사람의 말로'와 같은 제목의 프로그램을 본 적이 있을 것입니다. 그런 사람들 대부분은 불행한 인생을 보냅니다. 그 이유는 생각지 못했던 큰돈에 의해 자신의 인생이 돌연 컨트롤 불능 상태에 빠지기 때문입니다.

만약 갑자기 큰돈이 생겼다면, 우선 '나는 어떤 인생을 살고 싶은가?'를 생각해야 합니다. 그러고 나서 올바른 지식과 확고한 가치관을 가지고 '돈이라는 도구를 어떻게 활용할까?'를 고민해야 합니다.

그렇지 않으면 큰돈이 생겨도 돈에 휘둘리는 인생을 살게 됩니다. 이러한 인생을 살지 않기 위해서는 앞서 반복해서 말했듯, 인내심이 필수입니다. 이것이 바로 용돈 규칙을 통해 아이에게 반드시 가르치고 싶은 하나의 감각입니다.

부모의 말은 아이의
경제관념을 형성한다

빚에는 좋은 빚과 나쁜 빚이 있다

어릴 때 부모에게 받은 가르침은 평생의 가치관으로 깊이 새겨지기도 합니다. 제게도 그런 경험이 있습니다. 어릴 적 어머니는 지금은 제 인생에서 중요한 가치관이 된 2가지 가르침을 전해 주었습니다.

하나는 빚이라고 해서 모두 나쁜 것은 아니라는 가르침이었습니다.

앞서 여러 번 '빚은 절대 안 된다'라고 말했기 때문에 이 말을 듣고 혼란스러워할 사람도 있을지 모르겠습니다. 하지만 빚에는 '좋은 빚'과 '나쁜 빚'이 있습니다. 그것을 저는 어머니에게 배웠습니다.

초등학생 때였습니다. 어머니와 함께 자동차로 이동하던 중 저는 빈집을 발견했습니다. '분명 이 집에 사람이 살았었는데'라고 생각한 저는 어머니에게 "저 집 사람들 이사했어요?"라고 물었습니다. 그랬더니 어머니가 그 집이 비어 있는 이유를 알려 주셨습니다.

"저 집은 가족이 야반도주를 했어. 그래서 아무도 없는 거야."
"야반도주? 그게 뭐예요?"
"도박이다 뭐다 해서 자기 돈을 다 써 버리고, 남의 돈을 빌렸나 봐. 그런데 그 돈을 갚지 못해서 빚쟁이가 매일 찾아왔고, 그 빚쟁이가 매일 돈 갚으라고 집에 와서 횡포를 부리니까 견디지 못하고 몰래 도망갔나 봐."

저는 초등학생이었지만 큰 충격을 받았고, 빚이 무서워져서 "절대 돈을 빌리면 안 돼!"라고 외쳤습니다. 그런데 어머니는 이런 말을 들려주셨습니다.

"고키, 지금은 빚이 무섭다고 생각할지 모르지만, 빚 자체가 나쁜 것은 아니야. 자기 일에 필요한 돈으로 활용해서 확실하게 갚을 수 있는 계획이 있다면, 그 빚은 의미가 있는 빚이야. 아버지도 빚이 있어."

당시 아버지는 목수의 우두머리인 도편수였습니다. 집을 지을 때는 기술자를 채용하거나 재료를 구입해야 하는데, 아버지에게 돈이 들어올 때는 집을 다 지은 다음이기 때문에 인건비나 재료비를 은행에서 빌려서 조달하고 있었습니다.

어렸을 때 만약 '빚은 무서운 것'이라는 인식만 있었다면, 어떻게 됐을까요? 저는 그 편견으로 빚이 사업 확장을 위해 필요한 도구라고는 생각하지 못했을 겁니다.

현재 제가 하고 있는 부동산 사업에서도 빚이라고 모두 나쁜 것은 아니라는 어릴 적 어머니의 가르침이 옳았다는 사실을 확인할 수 있는 기회가 자주 있습니다.

'자택을 구입해서 4억 원의 주택담보대출금이 남아 있고, 그때 유산상속으로 4억 원이 생겼다'라고 생각해 봅시다.

당신이라면 다음의 2가지 선택지 중에서 어느 쪽을 선택하겠습니까?

① 유산으로 주택담보대출금을 완제한, '대출 제로/저축 제로'의 상태
② 유산과 주택담보대출금을 모두 그대로 두는, '대출 4억 원/저축 4억 원'의 상태

아마도 ①을 선택해서 깨끗하게 '빚 없음' 상태로 만들고자 하는 사람이 많지 않을까요?

그러나 비즈니스 관점, 다시 말해 '은행은 어느 쪽을 좋게 평가할까?'라는 관점에서 판단해 보면 압도적으로 ②가 높은 평가를 받습니다. 왜냐하면 현금 4억 원을 가지고 있기 때문입니다.

은행은 '그 사람(또는 법인)이 파산할 가능성이 있는가 없는가'를 가장 중요한 조건으로 봅니다. '대출 제로/저축 제로'인 사람은 수입이 조금 줄어들거나 하면, 금방 채무 초과 상태에 빠집니다. 하지만 4억 원이 수중에 있는 사람이면 은행은 '다소 어려운 일이 있어도 그 4억 원으로 어떻게든 할 테니 괜찮을 거야'라고 판단합니다.

또 다른 관점에서 수익성을 생각해 볼 수도 있습니다. 주택담보대출금을 상환하면 얻는 것은 이자입니다. 즉, 금리가 1%라고 하면 연 400만 원밖에는 이득이 없습니다. 그런데 현금 4억 원을 부동산 구입 비용으로 사용했다면, 수익성이 좋은 중고 물건을 구입했다고 치고, 수익률은 10~15% 정도입니다. 운영비나 세금이 있으니 단순하게 계산할 수는 없지만 대략 4,000만 원 정도의 이익이 생긴다는 계산이 나옵니다. 다시 말해 이자로 이익을 보는 것보다 10배의 이익을 얻을 수 있는 것입니다.

일시적인 큰돈보다도 정기적인 수입이 가치 있다

어머니가 제게 들려주신 또 하나의 가르침은 '정기적인 수입의 중요성'입니다.

제 본가는 농사도 지었기 때문에 집 근처에 큰 논이 있었습니다. 이른바 겸업농가였습니다. 그리고 논의 대부분을 주위 농가에 임대하고 있었습니다.

제가 초등학교 고학년 정도였던 것 같습니다. 어느 날 시청 직원 몇 명이 집에 찾아와서 부모님과 얘기를 나눴습니다. 시청 직원들이 돌아가고 나서 저는 어머니에게 물었습니다.

"그 사람들은 왜 집에 온 거예요?"

그러자 어머니가 말씀하셨습니다.

"시가 우리 집 논을 사고 싶으니 땅을 팔면 좋겠다고 부탁했어."

"얼마에 팔라고 했어요?" 제가 물었습니다.

저희 집은 비교적 돈에 관한 이야기를 아이에게도 편하게 하는 가정이어서, 어머니는 솔직하게 대답해 주셨습니다. 어린아이라도 큰돈이라는 걸 알 수 있는 금액이었기에, 당시 저는 깜짝 놀랐습니다. 어머니께 다시 물었습니다.

"그래서 팔기로 했어요?"

당연히 팔 것이라고 생각했지만, 어머니는 의외의 대답을 했습니다.

"거절했어."

"왜 안 파는 거예요?" 저는 조금 따지듯이 물었습니다.

"고키, 팔면 분명 큰돈이 들어오겠지만 그건 지금뿐인 일시적인 돈이야. 하지만 논을 빌려주면 그보다는 적겠지만 매월 돈이 들어오잖아. 그렇게 계속 돈이 들어오는 게 더 값어치가 있는 거야. 게다가 논은 그대로 남잖아."

돈에 대한 가르침은
아이의 사고방식에 큰 영향을 미친다

지금 생각해 보면 그것은 비즈니스 모델에 관한 이야기였습니다. 한 번 오고 말 것 같은 고객을 중요하게 생각할까요? 아니면 계속해서 올 고객을 중요하게 생각할까요?

당시 그런 말은 전혀 존재하지 않았지만, 이른바 '월정액 과금Subscription'에 관한 이야기였던 것입니다.

이와 관련해 이솝 우화의 한 이야기를 들려 드리겠습니다.

> 한 남자가 황금 알을 낳는 멋진 거위를 기르고 있었어요. 그 남자는 황금 알을 팔아서 부자가 되었어요. 시간이 지나자 남자는 거위가 하루에 하나의 알밖에 낳지 않는 것을 못마땅하게 생각했습니다. 빨리 더 큰 부자가 되고 싶었던 남자는 '거위를 죽이고 배를 가르면 황금 알을 한꺼번에 많이 얻을 수 있을 거야'라고 생각했습니다. 남자는 거위의 배를 갈랐습니다. 그러나 거위의 배 속에는 황금 알은 하나도 없었습니다. 남자의 욕심 때문에 결국 소중한 거위만 잃고 말았습니다.

이 이야기는 지나친 욕심을 경계해야 한다는 교훈을 줍니다. 한순간 큰돈을 벌기 위해 욕심을 부리면 많은 것을 잃게 될 수도 있다는 메시지는 우리 또한 깊게 생각해 봐야 할 필요가 있습니다.

당시 어머니는 비즈니스 모델이라는 말도 모르고, 월정액 과금이란 말이 무슨 말인지도 몰랐을 것입니다. 그러나 어머니는 사업의 본질에 대한 이해가 깊었다고 생각합니다. 그 가르침은 지금도 제 마음속에 분명하게 자리 잡고 있습니다.

저는 제 어머니의 이야기가 '유일한 정답'이라고는 생각하지 않습니다. '좋은 빚과 나쁜 빚이 있다'라는 사고방식, '일시적인 수입보다는 정기적인 수입을 얻을 수 있는 것이 좋다'라는 사고방식에 이견을 가진 분도 있으실 겁니다.

제가 말하고 싶은 것은 이 이야기가 옳은지 아닌지가 아니라, **무심코 나눈 부모와 자식 간의 대화가 선명하고 강렬한 기억으로 아이의 마음속에 계속 남아서 앞날에 큰 영향을 미친다는 사실입니다. 이 사실을 유념하시기 바랍니다.**

* 돈 교육의 목적은 아이에게 돈의 IN·OUT을 올바르게 다루는
   '평생 습관'을 길러 주는 데 있다.

* 최적의 용돈 교육 시작 시기는 초등학생 때다.

* 대표적인 용돈 주는 방법에는 정액제, 보상제, 무제한제, 무급제
   가 있다.

* 용돈을 받는 방식은 어른이 된 후 감정 조절과 인간관계에 큰
   영향을 미친다.

* 어릴 때부터 '인내하는 감각'을 키우지 않으면 금세 돈을 잃는
   어른이 된다.

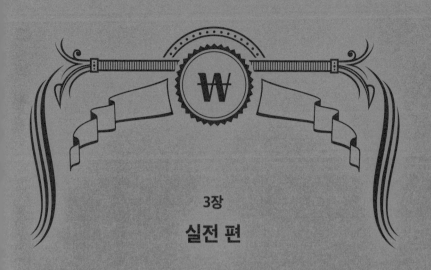

3장

실전 편

. . . . ◆ . . . .

용돈으로 시작하는
실전 돈 교육 레시피

최강의 용돈 주는
2가지 방법

돈의 활용 능력을 높이는 2개의 축

이 장에서는 제가 만든 용돈 주는 방법에 관해서 설명하고자 합니다.

앞서 말한 돈 교육에 대한 제 나름의 목표는 2가지였습니다. 하나는 돈의 정의와 돈을 어떻게 올바르게 얻을 수 있을지를 가르쳐 평생 습관으로 자리 잡도록 하는 것, 다른 하나는 돈을 컨트롤하는 능력을 가르쳐 평생 습관으로 자리 잡도록 하는 것이었습니다.

이러한 습관을 익힌 상태에서 제가 꼭 권하고 싶은 용돈 주는 방법은 바로 '두 배 돌려주기'와 '감사 돌려주기'입니다. 그 의미에 대해서는 이렇게 정리해 볼 수 있습니다.

- **두 배 돌려주기 방법**: 기본은 정액제인데, 돈을 남기면 늘어나는 독특한 방법이다.
- **감사 돌려주기 방법**: 부모를 도와주면 돈을 받는 보상제 방법이다.

먼저 두 배 돌려주기 방법으로 용돈을 주기 시작했다가, 어느 정도 궤도에 오르면 감사 돌려주기 방법을 더한다는 감각으로 하는 것을 추천합니다. 2장에서 말했던 4가지 방법을 바탕으로 설명하면, 정액제와 보상제 각각의 장점을 활용한 하이브리드hybrid 패턴이라 할 수 있습니다.

다음 내용에서 각 방법에 대해 자세히 설명하겠습니다.

훑어보기

두 배 돌려주기 방법 ❶

두 배 돌려주기 방법의 모든 것

'두 배 돌려주기'라는 말은 사실 일본에서 엄청난 인기를 얻었던 드라마 「한자와 나오키」에서 따온 이름입니다. 다만, 드라마에서는 '부당한 일을 당하면 두 배로 갚아 준다'라는 의미로 쓰였지만 이 책에서는 다른 의미로 쓰입니다. 저는 이 드라마가 나오기 전부터 두 배 돌려주기 방법으로 아이들에게 용돈을 줘 왔습니다. 그렇다면 두 배 돌려주기 방법이란 도대체 어떤 것일까요?

아이가 좋아할 지점은, '용돈을 남긴 만큼 같은 금액을 다시 받을 수 있다 = 잔액이 두 배가 된다'라는 사실일 것입니다.

대략적으로 용돈을 주기 시작하는 시기, 준비할 것, 주의점 등에 대해서 알아보도록 하겠습니다.

시작 시기

초등학교 저학년(7~9세)쯤에 시작하는 게 가장 좋습니다. 이유는 앞서 말했듯, 마음이 순수해서 부모의 의견을 순순히 받아들이는 시기이기 때문입니다. 하지만 이미 아이가 초등학교 저학년 나이를 넘어 버린 분들도 늦었다고 비관하지 마시길 바랍니다. 돈 교육의 시작에는 늦은 때란 없기 때문입니다. 덧붙여, 신학기, 여름방학 전, 설날 등과 같이 구분을 지을 수 있는 시기가 시작하기 쉽습니다.

준비할 것

주변의 시세(위 학년의 아이나 동급생의 용돈 금액)를 조사해 봅니다. 조사 내용을 참고로 하여 부모가 용돈을 주는 범위를 아이에게 미리 명확하게 말해 둡니다. 이때 평소에 생일 선물, 크리스마스 선물, 세뱃돈과의 공존을 생각해 용돈을 줘야 합니다(125쪽 참조). 또한 매월 용돈을 넣기 위한 지갑과 모은 돈을 넣는 저금통을 준비해 줍니다. 그다음, 저금통에 모인 돈을 예치할 은행 계좌(은행 통장)를 만듭니다.

금액 설정

용돈 금액은 '주변 시세의 두 배'로 설정합니다. 즉 친구들의 용돈 시세가 1만 원이라고 하면, 그 두 배인 2만 원으로 설정합니다.

이후부터는 쉬운 이해를 위해 '주변 친구들의 용돈 시세가 매월 1만 원 정도로, 지금부터 매월 1회 2만 원의 용돈을 아이에게 주기로 했다'라는 설정하에 설명하도록 하겠습니다.

대략적인 흐름

용돈을 주기 시작할 때, "지금부터 한 달 용돈으로 2만 원을 줄 건데, 한 달 후에 용돈을 남기면 그 금액만큼 아빠랑 엄마가 '상'으로 돈을 줄 거야. 그러니까 가능하면 절반만 쓰고 1만 원을 남기면 좋겠네"라는 식으로 용돈 규칙을 분명하게 설명해 줍니다. 그리고 아이의 지갑에 2만 원을 넣어 주세요.

아이가 한 달 후에 1만 2,000원을 쓰고, 8,000원을 남겼다고 합시다. 그러면 "8,000원 남겼으니까 8,000원 줄게"라며 매월의 용돈(월 2만 원)과는 별도로 8,000원을 줍니다. 아이가 남긴

8,000원과 상으로 주는 8,000원(합계 1만 6,000원)은 "아주 잘했어"라는 칭찬과 함께 줍니다. 그러고 나서 부모와 아이가 함께 저금통에 넣습니다. 그다음, 저금통에 어느 정도 돈이 쌓이면(예를 들어 6개월 정도가 지난 시기), 아이 명의의 은행 계좌에 그 돈을 입금하고 통장에 금액을 기입합니다.

아이가 매월 꼬박꼬박 돈을 남길 수 있게 되면(3개월 이상 연속으로 절반을 남기는 정도), 용돈 주는 기간을 늘립니다. 서서히 '1개월에 1회 → 2개월에 1회 → 3개월에 1회 → 6개월에 1회' 이런 패턴으로 기간을 늘려서 최종적으로 '6개월에 1회'에 도달하도록 하는 게 가장 좋습니다.

반대로 '한 달 동안 아이가 돈을 모두 써 버렸다' 또는 '한 달은 너무 길어서 내 아이에게는 너무 힘들 것 같다'라는 불안감이 있을 때는 '일주일에 1회 5,000원씩 준다', '평일 매일 1,000원씩 준다'와 같이 기간을 짧게 설정하도록 합니다.

주의할 점

용돈의 사용처는 아이에게 맡겨 주세요. 만화책을 사든, 과자를 사 먹든, 필기구를 사든 아이 마음입니다. 이때 부모가 사용처에 대해 이래라저래라 지시하는 건 삼가는 게 좋습니다.

'두 배 돌려주기 방법'의 핵심 정리

시작 시기

- 가장 좋은 시기는 초등학교 저학년 시기다.

- 신학기, 여름방학 전, 설날 등과 같이 구분 지을 수 있는 시기가 좋다.

준비할 것

- 지갑(용돈을 넣는 용도)

- 저금통('두 배 돌려주기'로 받은 돈을 모으는 용도)

- 은행 계좌(아이 명의)

실행 방법

1. 매월 1회를 기준으로 주변 아이들의 평균 용돈의 두 배 금액의 용돈을 준다.

2. 한 달 후, 다음 달분의 용돈을 줄 때 저번 달분에서 남은 돈의 같은 금액을 상으로 매월분의 +α를 준다.

3. 아이가 남긴 돈 + 상으로 받은 돈을 아이와 함께 저금통에 넣는다.

4. 저금통에 어느 정도 돈이 모이면 아이 명의의 은행 계좌에 입금한다.

(예시)

주변 친구들의 용돈 시세가 매월 1만 원이면, 두 배인 2만 원을 매월 용돈으로 정한다.

 ⇒ 한 달 후, 8,000원이 남았다면, 2만 원 + 8,000원을 준다.

 ⇒ 아이가 남긴 8,000원 + 상금 8,000원(합계 1만 6,000원)을 저 금통에 넣는다.

주의할 점

• 용돈을 주기 전에 반드시 규칙을 설명한다.

• 생일 선물, 크리스마스 선물, 세뱃돈과의 공존도 생각한다.

• 매월 용돈을 남길 수 있게 되면 용돈을 주는 기간을 늘린다.

• 용돈을 남기지 못하는 아이는 용돈 주는 기간을 줄인다.

• 용돈의 사용처는 오롯이 아이에게 맡긴다. 부모는 간섭하지 않는다.

톺아보기

두 배 돌려주기 방법 ❷

목적 & 기대 효과

계속해서 이 방법의 목적, 효과, 시작 전에 해야 할 것, 실행 중에 주의할 점 등에 대해 하나씩 짚으며 톺아보는 시간을 가져 보겠습니다.

꼭 알아야 할 사실은 원래의 목적과 다르게 지속하거나, 주의 점을 소홀히 한 채로 실행해 봤자 좋은 효과를 얻기는 어렵다는 것입니다. 그래서 이 내용을 더욱 주목해서 살펴볼 필요가 있습 니다.

두 배 돌려주기 방법으로 용돈을 주는 목적은, 우선 정액제에 따라 IN·OUT을 컨트롤하는 습관을 익히게 하기 위함입니다. 다만 일반적인 정액제로는 '돈을 남기면 좋은 점('돈을 모아서 자신이 갖고 싶은 것을 살 수 있다' 등)'을 체험하기는 쉽지 않기 때문에, '용돈을 남기면 그 금액만큼 두 배로 돌려준다'라는 보상 규칙을 만들어 낸 것입니다.

또 '남긴 만큼 돈이 늘어난다'라는 규칙을 통해 자산 운용의 유사 체험도 가르칠 수 있습니다. 실제로 주식을 통해 자산 운용을 할 때는 투자한 금액이 늘어날지 줄어들지 알 수 없습니다. 하지만 이 방법은 남긴 금액만큼 확실하게 늘어나기 때문에 리스크에 관해서는 다른 면이 있지만, '돈을 남겨야만 비로소 돈을 늘리는 다음 단계로 갈 수 있다'라는 대원칙을 익혔으면 하는 바람이 있었습니다.

이 방법은 현재 성인이 된 제 아이들을 키우는 동안에 실제로 실행한 것입니다. 초등학교 저학년부터 이 방법으로 용돈을 주기 시작하여, 중학교 졸업까지 지속했습니다(고등학교에 입학한 후에는 아르바이트를 할 수 있는 나이가 되었기 때문에 일반적인 정액제로 바꿨습니다).

두 배 돌려주기 방법으로 용돈을 받은 아이들은 인내하고, 사용처나 배분을 생각하고, 계획을 세우고, 관리 방법을 고민하는 등의 다양한 지식과 경험을 습득할 수 있습니다.

그리고 '이번 달에도 돈을 남겼다'라는 성공 체험이 성취감이 되고, '그 성취감을 또 맛보고 싶다'라는 생각이 다음 달의 원동력이 됩니다. 자기 명의의 은행 통장의 숫자가 커져 가는 것에 대해서도 딸들은 이렇게 말했습니다.

"한 명의 어른으로 인정받는 것 같은 기분이 들고, 제 노력이 눈에 보이는 것 같아 즐거웠어요."

이와 같은 행동의 축적을 통해 아이들은 IN을 늘리고 OUT을 줄이는 것은 당연하다는 생각을 갖게 되었고, 이런 생각은 자연스럽게 생활 습관이 되었습니다.

용돈 주기 전 확실히 할 4가지 지출 원칙

'어떤 지출을 부모가 담당할 것인가?'는 용돈 주기를 시작하기 전에 부모가 아이에게 명확하게 알려 줄 필요가 있습니다.

물론 가정마다 기준과 생각이 달라서 유일무이한 정답은 존재하지 않지만, 개인적으로는 다음과 같은 원칙을 가지고 실행하는 것이 좋다고 생각합니다.

첫째, '자기 투자'에 필요한 돈은 부모가 낸다.

아이의 학원비, 도서 구입비, 어학연수 비용 등 자기 투자(이 경우는 '아이의 성장에 관련한 것'을 의미)에 해당하는 돈은 아이의 용돈이 아닌 부모가 담당해야 합니다.

아이가 원하는 일은 가능한 할 수 있도록 지원해 주고 싶은 것이 부모의 당연한 마음입니다. 다만 아이의 성장을 위해 돈을 지출할 때, 돈을 지원해 주는 이유에 대해서는 알기 쉬운 말로 분명하게 전달해야 합니다.

둘째, '소비'에 필요한 돈도 부모가 낸다.

또 문방구, 의복 등 일상생활을 하면서 필요한 것을 구입하는 소비에 해당하는 돈도 부모가 내는 것이 좋습니다. 다만, 문방구나 의복을 구입할 때는 이것저것 살 것이 아니라 진짜 필요한 것이 무엇인지 부모와 아이가 함께 생각하여 골라야 합니다.

셋째, 일상의 '낭비'는 아이의 용돈으로 해결한다.

보통 친구와 놀 때 들어가는 돈과 자신의 취미에 들어가는 돈을 구분하자면, 낭비에 해당합니다. 이 돈은 아이의 용돈에서 사용하도록 하는 것이 좋습니다. 잡지, 장난감, 과자, 음료수, 잡화 등 사고 싶은 것이 많이 있겠지만, 돈의 사용처는 아이의 자유에 맡기는 것이 바람직합니다.

넷째, 생일 선물, 크리스마스 선물, 세뱃돈과의 공존을 생각한다.

가정에서 일반적으로 아이가 선물이나 돈을 받을 기회는 주로 다음과 같은 경우가 있습니다.

- 용돈(부모에게서 돈을 받는다)
- 세뱃돈(부모, 조부모, 친척에게 돈을 받는다)
- 생일 선물(부모나 조부모에게 물건이나 돈을 받는다)
- 크리스마스 선물(부모나 조부모에게 물건이나 돈을 받는다)
- 그 외(귀성했을 때 조부모나 친척에게 물건이나 돈을 받는다)

용돈은 이 중 하나에 지나지 않습니다. 그러므로, '용돈을 모으는 것만으로는 살 수 없는 것(자전거, 게임기, 큰 장난감 등)은 생일이나 크리스마스 선물로 준다', '세뱃돈은 10만 원만 임시 수입으로 하고, 나머지는 은행에 저축한다', '조부모님 집에 갔을 때 받은 용돈은 절반은 임시 수입으로 하고 나머지는 은행에 저축한다' 등과 같이 용돈과의 '공존'이라는 의미로 대략적인 규칙을 정해 놓는 것이 좋습니다.

용돈 주기 전 미리 알려 줄 하나의 개념

두 배 돌려주기 방법으로 용돈을 주기 시작할 때, 아이에게 '용돈 기간 = 돈을 대하는 자세를 배우는 기간'이라는 것을 분명하게 알려 주도록 합시다.

초등학생이라 해도 알기 쉬운 말로 설명하면 반드시 이해할 수 있습니다. 저도 아이들에게 이렇게 말한 적이 있습니다.

"오늘부터 아빠가 이 방법으로 너희들에게 용돈을 줄 텐데, 스스로 생각하고 결정하는 게 굉장히 중요해. 어디에 얼마나 쓸지, 어떻게 해야 돈을 남길 수 있는지 너희들이 스스로 고민하고 생각해야 해."

부모가 자신을 신뢰하고 기대한다는 사실을 아이에게 가장 먼저 전하세요. 그러면 아이들은 알아서 스스로 노력할 것입니다.

용돈 금액을 '또래 시세의 두 배'로 설정하는 이유

　다음은 금액 설정입니다. 저는 앞서 용돈을 주변 시세의 두 배로 하자고 제안했습니다. 이 제안에 "왜 두 배죠? 너무 많은 게 아닐까요?"라고 의문을 제기하는 분도 분명 있을 것이라 생각합니다.

　주변 시세의 두 배로 금액을 설정하는 이유는 아이가 실패하지 않도록 하기 위해서입니다. IN>OUT의 컨트롤을 확실하게 성공할 수 있도록 돕고 싶기 때문입니다.

　흔히 '실패에서 배운다'라는 말을 합니다. 하지만 한 분석학 연구에 의하면, 행동을 습관화하기 위해서는 성공의 축적이 중요하다는 것이 밝혀졌습니다. 사람들은 '성공했다!'라는 쾌감을 느끼기 때문에 다음에도 같은 행동을 하는 것입니다. '실패했다, 그다음에도 실패했다'라는 상황에 부닥치면 자신감은 바닥까지 떨어지고, 즐겁지도 않습니다. 그러면 배울 것도 많지 않습니다.

　또 '사자는 자기 새끼를 낭떠러지로 밀어 떨어뜨린다'라는 말이 있지만, 일부러 실패하게 만드는 스파르타식은 그다지 도움이 되지 않습니다. 특히 행동 초기에는 거의 백해무익하다 할 수 있습니다.

일반적으로 생각해 보면, 주변 시세의 두 배를 주면 친구와 함께 놀면서 돈을 쓰더라도 절반은 남습니다. 친구보다 조금 더 많이 썼더라도 남을 확률이 매우 높습니다. '조금이라도 남기면 성공, 절반을 남겼다면 대성공'이죠. 우선은 '남긴다'라는 성공 체험을 아이가 맛볼 수 있도록 하는 게 중요합니다.

부모가 절대 해서는 안 되는 2가지 NG 행동

두 배 돌려주기 방법을 실행할 때, 부모가 절대 해서는 안 되는 2가지 행동이 있습니다.

첫째, '잘하지 못했을 때 혼을 내는 행동'입니다.

주변 시세의 두 배에 달하는 용돈을 아이에게 주고, "친구보다 두 배의 금액을 주는 거야. 절반을 남기는 것이 목표야"라고 사전에 말해 뒀기 때문에 부모로서는 '절반 정도 남기면 좋겠다'라고 생각할 것입니다. 하지만 아이가 반 이상을 써 버릴 수도 있고, 어쩌면 유혹에 빠져 전부를 써 버릴지도 모릅니다. 그렇다 해도 절대로 혼내지 마세요.

왜냐하면 '성공 체험을 통한 성취감으로 습관화를 돕는 것'이 목적이기 때문입니다. 습관화가 중요한 이유는 성공이 반복될 수 있기 때문입니다. 아주 조금이라도 용돈을 남겼다면 일단은 성공입니다.

설령 전부 소진했다 하더라도 일정 기간 관리했다는 의미에서 보면 부분적인 성공입니다. 그 노력에 대해서는 반드시 평가해 줘야 합니다. 그러니 일단은 성공이라고 말해 주세요. 그런 후에 "이번 달은 조금 많이 썼구나. 다음 달은 조금 더 모아 보면 좋을 것 같아"라며, 새로운 성공을 응원해 주세요. "왜 실패했어?"라고 몰아붙인다고 해서 결코 더 좋은 결과가 나오지 않습니다.

둘째, '금액을 주변 시세의 몇 배로 올리는 행동'입니다.

예를 들어 주변 시세의 두 배인 매월 2만 원을 주는데 아이가 그 돈을 매월 다 사용합니다. 그때 '2만 원이 적은 게 문제구나. 반드시 성공시키기 위해서 큰맘 먹고 금액을 주변 시세의 다섯 배(5만 원)로 올리면 우리 아이도 돈을 남길 수 있지 않을까?'라는 묘안(?)을 떠올리는 분들이 있을지도 모릅니다.

그러나 이것은 크게 잘못된 생각입니다. 잘 안 됐을 때 금액을 올리는 것으로 해결한다면 그것은 '돈을 컨트롤 한다'라는 원래의 목적에서 벗어나기 때문입니다. 만약 아이가 돈을 남기지 못할 때는 금액을 늘리는 것이 아니라, 기간을 짧게 줄이는 것으로 난이도를 낮춰 보시길 바랍니다.

예를 들어 '한 달 2만 원'이었던 걸 '일주일 5,000원'으로 변경하고, 매 주말 용돈이 남을 것 같은지 아이에게 물어보며 섬세하게 체크하세요(일주일도 힘들면 평일 매일 1,000원으로, 기간을 더 짧게 합니다). 그렇게 함으로써 아이가 성공 체험을 쌓아 갈 수 있도록 도와주세요.

훑어보기

감사 돌려주기 방법 ❶

감사 돌려주기 방법의 모든 것

두 배 돌려주기 방법이 궤도에 오르면, 함께 실행하면 좋은 또 하나의 용돈 주는 법이 있습니다. 바로 감사 돌려주기 방법입니다. 이는 부모에게 도움이 되는 일을 해 주고 돈을 받는 방법, 즉 보상제입니다.

여기서는 이 방법을 시작하는 시기, 준비할 것, 주의점 등에 대해 전반적으로 설명하겠습니다. 그 전에, 아이의 도움에 가격을 매길 때 기억해야 할 것이 있습니다. 그것은 바로 '아이가 느

낄 어려움의 크기'를 기준으로 가격을 매기면 '노동 대가'가 돼
버리고, '부모가 느끼는 감사의 크기'를 기준으로 가격을 매기면
'감사 돌려주기'가 된다는 것입니다.

시작 시기

이 방법의 도입 시점은 두 배 돌려주기 방법이 습관화된 시점
이 좋습니다(예를 들어 두 배 돌려주기 방법이 '3개월에 1회'의 지급
간격으로 컨트롤할 수 있게 된 시점). 만약 2가지 방법을 동시에 도
입한다면, 아이가 혼란스러울 수 있기 때문에 어느 정도의 간격
을 두고 함께 시행하는 것이 좋습니다.

앞서 말했듯, 두 배 돌려주기 방법과 마찬가지로 최적의 시작
시기를 놓쳐 버린 사람도 늦었다고 비관할 필요는 없습니다. 이
방법도 신학기, 여름방학, 설날 등 구분 지어지는 때에 도입하는
것을 추천합니다.

준비할 것

복사 용지, 도화지 등의 종이 및 펜을 준비하세요.

대략적인 흐름

가장 먼저 '아이가 도와줬으면 하는 것'을 생각나는 대로 종이에 씁니다. 빨래 개기, 욕실 청소, 심부름, 화장실 청소, 세차 등 뭐든지 좋습니다. 목록 중에서 아이가 도와주면 특별히 더 좋을 것 같은 것 3개 정도를 고르세요. 그리고 각각의 가격을 매겨 보세요.

두 배 돌려주기 방법으로 한 달에 2만 원을 주고 있다면 각 항목의 가격을 500~1,000원 정도로 정해서 돕기를 즐기게 하는 것이 좋습니다. 원래 아이는 부모가 기뻐하는 얼굴을 보는 것만으로 충분히 행복해지기 때문입니다.

또 아이가 어떻게든 사고 싶은 장난감이 있는데 평상시의 용돈으로는 살 수 없는 경우에는 일정 기간(예를 들어 3개월간)은 가격이 높은 항목을 준비하여 집안일을 돕고 돈을 모을 수 있도록 도와주면 됩니다.

여러 가지 '상품'을 자유로운 '가격'으로 거래할 수 있는 것이 이 방법(보상제)의 이점이므로 충분히 활용하시기 바랍니다.

가격 책정이 끝나면 항목과 가격을 종이에 씁니다. 아이에게는 '감사 돌려주기'라는 보상제를 도입한다는 사실을 알려 줘야 합니다. 또 도입 목적은 '돈이란 어떤 행동을 해야 올바르게 얻을 수 있는가?'를 배우는 데 있다는 것을 알려 주세요.

게다가 '이 방법을 잘 활용하면 용돈의 총액을 늘릴 수 있다'라는 장점도 잊지 말고 전달하기 바랍니다. 이 말에 아이는 더욱 적극적으로 행동할 수 있기 때문입니다. 항목과 가격을 적은 종이는 눈에 잘 띄는 곳에 붙여 놓습니다. 이 행동도 아이의 열정을 더욱 불러일으킬 수 있을 겁니다.

그다음에는 아이가 하고 싶다고 느낄 때 말하게 하고, 부모는 도움을 받고 싶을 때 부탁하면 됩니다. 어느 쪽이든 괜찮으니 서로에게 필요할 때 이 방법을 사용하시길 바랍니다.

도움을 받았으면 아이에게 보상 비용을 줍니다. 그 돈을 두 배 돌려주기 방법으로 얻은 돈과 함께 관리할지, 따로 관리할지는 아이의 자율에 맡깁니다.

도움 리스트 또는 가격을 아이와 함께 정기적으로 재검토(예를 들어 1년에 1회)하는 것도 필요합니다. 이것으로 대략적인 준비는 모두 완료입니다.

주의할 점

가격을 매길 때는 '아이가 느낄 어려움의 크기'보다도 '부모가 느끼는 감사의 크기'를 기준으로 가격을 매기는 게 좋습니다. 이유는 돈이 감사의 질량에 비례하는 것을 아이에게 가르치기 위함입니다.

예를 들어 장보기와 욕실 청소의 가격을 매긴다고 해 봅시다. '아이에게는 슈퍼까지 걸어가야만 하는 장보기가 중노동이지만, 도와줬을 때 기쁨이 더 큰 것은 욕실 청소다'라고 생각한다면 욕실 청소에 더 높은 가격을 매겨야 합니다.

참고로 가격은 각 가정의 사고방식에 따라 달라질 것입니다. 도움을 가벼운 마음으로 청하고 싶다면, 하나하나의 가격을 너무 높게 매기지 않는 것이 좋습니다.

감사의 크기가 중요하다!

'감사 돌려주기 방법'의 핵심 정리

시작 시기

- 가장 좋은 시기는 두 배 돌려주기 방법이 습관화된 시기다.

- 두 배 돌려주기 방법과 동시 도입은 피한다.

- 두 배 돌려주기 방법과 마찬가지로 신학기, 여름방학 전, 설날 등과

  같이 구분 지을 수 있는 시기가 좋다.

준비할 것

- 종이(기록용)

- 펜

실행 방법

1. 도와주면 좋을 것 같은 일의 리스트를 종이에 적는다.

2. 도움 리스트 중에서 도와주면 특히 기쁠 것 같은 일 3개를 고른다.

3. 그 3개에 부모가 가격을 매긴다.

4. 가격 책정이 끝나면 도움 리스트와 가격을 함께 종이에 적는다.

5. 도움을 받으면 그 가격의 돈을 주고, 관리 방법은 아이에게 맡긴다.

주의할 점

- 가격 책정의 기준은 '아이가 느끼는 어려움의 크기'가 아닌, '부모가 느끼는 감사의 크기'다.

- 하나하나의 가격은 그다지 높지 않게 설정한다. 두 배 돌려주기 방법으로 매월 2만 원의 용돈을 받는다면 각 항목의 가격은 500~1,000원 정도가 적당하다.

- 도입할 때, 반드시 규칙을 설명한다. '도입의 목적', '아이에게 있어 장점'도 잊지 말고 전달한다.

- 부모는 '아이에게 남을 돕는 일을 즐기게 한다'라는 느낌으로 임한다. 돈을 줄 때도 기쁜 표정을 지으며 고마운 마음을 가지고 준다.

- 아이가 하고 싶다고 하든, 부모가 요청하든 어느 쪽도 좋다.

톺아보기

감사 돌려주기 방법 ❷

용돈을 2가지 방법으로 주는 이유

그렇다면 왜 '두 배 돌려주기'와 '감사 돌려주기'라는 두 방법으로 용돈을 줘야 하는 것일까요?

그것은 각 방법마다 장점과 단점이 있어서 2가지 방법을 함께 사용하게 되면 장점은 살리고 단점은 해소시킬 수 있기 때문입니다. 이에 대해 하나씩 살펴보도록 하겠습니다.

두 배 돌려주기 방법의 장단점

정액제를 기본으로 하는 두 배 돌려주기 방법의 장점은 일정 기간을 정해진 금액으로 생활해야 한다는 의식이 생기는 것입니다. 그로 인해 IN·OUT의 컨트롤을 확실하게 하는 습관을 익힐 수 있습니다. 게다가 '남기면 늘어난다'라는 행위를 반복함으로써 미래 자산 운용의 유사 체험도 할 수 있습니다.

다만, 한편으로는 조심해야 할 것도 있습니다. 그것은 '두 배 돌려주기'라는 것보다도 정액제 자체의 우려스러운 부분인데, '용돈(돈)은 지급일이 오면 자동적으로 받을 수 있는 것'이라는 잘못된 개념을 아이에게 심어 줄 수 있는 위험성이 있다는 것입니다. 왜냐하면 정액제는 용돈의 고마움을 느끼기 어려운 제도이기 때문입니다.

또 이것도 정액제 자체의 단점인데, 정해진 틀 안에서 자신이 하고 싶은 것을 생각하는 버릇이 생겨 버려서 아이의 가능성을 좁힐 수 있는 위험성도 있습니다. '매월 ○○원밖에 쓰지 않는다 (쓸 수 없다)'라는 조건 안에서 사물을 생각하고 사고 싶은 것, 하고 싶은 것이 모두 그 금액 안에서 이루어지게 되면 아이의 미래의 꿈이나 희망도 작아질 수 있습니다.

감사 돌려주기 방법의 장단점

보상제인 '감사 돌려주기'를 함께 활용해야 하는 이유는 2가지가 있습니다.

하나는 '용돈(돈)은 자동적으로 받을 수 있는 것'이라는 착각, '미래의 꿈이나 희망을 작게 만들어 버릴지 모른다'라는 위험성 등 정액제의 문제점을 해결하기 위함입니다. '부모를 도와주면 그 대가를 받을 수 있고, 도우면 도울수록 대가는 늘어난다'라는 규칙이 있기 때문에 고마움도 느낄 수 있고, 정해진 금액이라는 틀도 치워 버릴 수 있습니다.

다른 하나는 '돈의 본질'을 알기 위해서는 보상제가 가장 적합하기 때문입니다. 남이 기뻐할 일을 해서 "고맙다"라는 말을 듣고 그 대가로 받는 것이 돈이라는, 돈의 의미와 일의 의미를 피부로 느낄 수 있습니다. 보상제로 부르지 않고 일부러 '감사 돌려주기'로 이름을 지은 것은 그 때문입니다.

단, 보상제에도 조심해야 할 점이 있습니다. 그것은 보상제 자체의 문제점으로, "좀 도와주지 않을래?"라고 부탁했을 때 "도와주면 얼마 줄 거야?"라며 뭐든지 이해타산으로 생각하는 버릇이 생길 위험성입니다.

최적의 용돈 규칙에 도달하다

물론 돈은 중요합니다. 그러나 내 아이가 도움이 필요한 사람을 보면 자연스럽게 도움을 줄 수 있는 사람으로 컸으면 하는 바람이 있습니다. 돈 교육이란 따지고 보면 인간 교육입니다.

돈을 갖는다는 것은, 나 자신, 주위 사람들, 세상 사람들을 행복하게 할 수 있는 사람이 되어야 한다는 것을 의미합니다. 돈 때문에 마음이 가난해지면 그것은 본말이 전도된 것입니다.

그렇게 생각하면서 '정액제나 보상제만으로는 불충분한데, 뭔가 좋은 방법이 없을까?'라고 고민한 결과, 저는 '두 배 돌려주기 + 감사 돌려주기'라는 최적의 방법에 도달했습니다. 그리고 아이들에게 실천했습니다. 현재까지도 '이 방법을 쓰길 잘했다'라고 진심으로 실감하고 있습니다.

부모는 아이의 용돈에
참견하지 않는다

스스로 고르고, 결정하는 것이 중요하다

앞서 용돈을 준 후에는 아이의 자율에 맡기는 게 좋다고 말했습니다. 그 이유는 '돈의 컨트롤'은 자신이 고르고, 자신이 결정한다는 행동의 연속에 따라 이루어지기 때문입니다.

부모가 "이번 주는 더 이상 돈을 쓰면 안 돼", "이것과 이것을 사야 해"라며 용돈의 사용처를 간섭하면 부모가 컨트롤하는 것과 마찬가지입니다. 그것은 아이의 성장 기회를 빼앗는 행위입니다.

시작할 때 규칙을 분명하게 설명하고, 저금통에 넣을 때나 은행 통장에 기입할 때에는 부모와 아이가 함께 확인합니다.

처음에는 부모가 그리는 이미지와 다소 다른 일(돈을 거의 다 써 버렸거나 부모가 보기에 별로 먹지 않았으면 하는 과자만 산다거나)도 일어날 수 있습니다. 그러나 혼을 내지 말고 부디 지켜봐 주세요. '자신이 고르고, 자신이 결정한다'라는 방침을 지켜 나가다 보면, 아이는 반드시 한층 더 성장한 모습을 보여 줄 것입니다.

'금액의 가시화'를 한 아이들

제가 한 달에 1회의 설정으로 두 배 돌려주기 방법을 시작한 건 아이가 초등학교 2학년일 때입니다. 그것이 궤도에 오르자 감사 돌려주기 방법을 더해, 2가지 방법으로 아이들이 중학교를 졸업할 때까지 지속했습니다.

'자신이 고르고, 자신이 결정한다'라는 방침을 제 마음속에서 반복해서 되새기며, 아이들의 용돈 관리를 지켜봤더니 재미있는 일이 일어났습니다.

그것은 바로 아이들이 스스로 용돈 관리 방법을 이것저것 궁리했다는 것입니다. 아이 중 한 명은 어느 날 빈 상자를 몇 개 가지고 오더니 "이건 과자용 돈, 이것은 잡화용 돈이야"라며, 사용할 곳에 따라 상자를 구분하는 모습을 보였습니다.

또 다른 아이는 언젠가부터 '용돈 노트'를 만들어서 '오늘은 어디에 얼마를 썼고, 그래서 남은 돈은 얼마다'라는 식의 내용을 기입하게 되었습니다.

제가 두 아이에게 "이런 사용법이 있어"라고 조언을 한 것이 아닙니다. 어딘가에서 그와 같은 방법을 사용하면 돈 관리가 쉬워진다는 것을 깨닫고 각자에게 맞는 방법을 스스로 찾은 것입니다.

아이들 스스로 결정하고 실천한 결과, 이런 감각이 아이들에게는 게임처럼 느껴졌는지 자주 "설렌다"라고 말했습니다.

아이들이 실천했던 방법들은 형식은 서로 달랐지만, '금액의 가시화'를 했다는 면에서는 동일했습니다. 이 방법으로 '아! 이대로는 월말에 절반을 남기기가 힘들겠다. 남은 기간에는 지출을 줄여야겠다'라며 스스로 돈을 컨트롤할 수 있게 되었습니다.

서로의 가치관을 교류하는 절호의 기회

용돈을 주는 행위는 부모와 아이가 서로 가치관을 교류하는 절호의 기회이기도 합니다.

저금통에 돈을 넣을 때, 아이에게 용돈의 사용처를 물으면 여러 가지 이야기를 해 줄 것입니다. 그러면 '지금 한창 빠져 있는 것이 ○○이구나'라거나, '요즘 친한 친구는 ○○이구나'라는 것들을 알 수 있습니다. 부모도 자신이 중요하게 생각하는 것, 좋아하는 것 등을 전할 수 있는 좋은 기회이기도 하죠.

저희 집에서는 감사 돌려주기 방법의 도움 리스트 중 하나로 세차가 있습니다. 대학을 졸업하고 첫 번째 직장이 자동차 회사였던 인연으로, 저는 자동차를 매우 좋아합니다. 그래서 자동차가 가능한 항상 깨끗하게 빛났으면 해서 세차를 자주 합니다.

하지만 세차는 혼자서 하면 상당히 많은 시간이 걸립니다. 당시는 현재의 비즈니스를 시작한 지 얼마 안 된 시기이기도 해서 세차를 하고 싶어도 좀처럼 시간을 내기가 쉽지 않았습니다.

그래서 아이들에게 자주 세차를 함께해 줄 수 있냐고 부탁했습니다. 그때마다 아이들은 즐겁게 도와주었습니다. 물이나 세제를 사용하기 때문에 아이들은 즐거운 놀이라 생각했을 수도 있습니다. 그렇게 세차를 하는 동안 저의 바쁜 상황이나 제가 자동차를 중요하게 생각한다는 것을 느끼지 않았을까 생각합니다. 제 가족에게도 좋은 추억이 되었음은 물론입니다.

만약 용돈을 주며 아이의 자율성을 무시하고 지나치게 간섭한다면, 서로의 가치관을 교류하기는커녕 아이는 마음의 문을 열지 않을 것이며 제대로 된 용돈 교육도 힘들어질 것입니다.
결국 아이의 자율성을 존중해 주는 것이 더 나은 가족 관계를 만들며, 돈을 더 잘 다루는 어른으로 성장할 수 있는 기회입니다.

* 최고의 용돈 주는 방법은 '두 배 돌려주기'와 '감사 돌려주기'를 함께 시행하는 것이다.

* 두 배 돌려주기 방법은 정액제를 기반으로 용돈을 남기면 두 배로 돌려주는 것이다.

* 감사 돌려주기 방법은 부모를 도와주면 돈을 받는 보상제와 똑같다.

* 용돈의 사용처는 오로지 아이에게 맡겨야 아이의 성장 기회를 잃지 않는다.

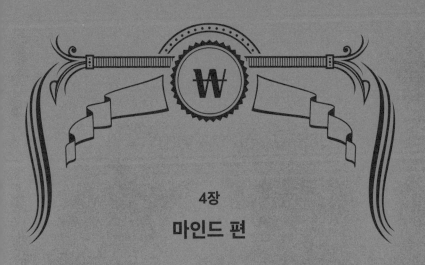

4장

마인드 편

평생 돈 걱정 없는
아이로 키우는
부모의 마인드

부모가 바뀌어야
아이도 바뀐다

올바른 돈 교육을 위해 부모가 해야 할 일

앞서 반복해서 강조했듯, 아이의 돈에 대한 생각이나 태도는 마치 쌍둥이처럼 부모를 똑 닮았습니다.

예를 들어, 아이에게는 "매월 꼬박꼬박 돈을 남기자"라고 말하면서도 부모는 보너스 상환을 이용해서 돈을 미리 당겨 쓴다면, 아이는 그런 부모의 모습에서 많은 영향을 받습니다. 그래서 올바른 돈 교육을 하기 위해서는 아이에게 용돈 주는 법을 고민하는 것만으로는 충분하지 않습니다. 부모 스스로 돈의 IN·

OUT을 확실하게 컨트롤할 수 있어야 합니다.

이 돈은 3가지 범위 중 어디에 해당할까?

그렇다면 부모의 IN·OUT 컨트롤 능력은 어떻게 해야 높일 수 있을까요? 제가 매우 유효하다고 생각하는 방법 중 하나는, '돈의 사용처(=OUT)가 3가지 중 어느 범위에 해당하는가?'를 생각하는 습관을 익히는 것입니다.

앞서 언급했듯, OUT의 의미는 3가지로 나뉩니다.

- **낭비**: 즐거움을 위해서 돈을 쓴다.
- **소비**: 생활에 필요한 물건·일을 위해서 돈을 쓴다.
- **투자**: 자신의 성장이나 돈을 늘리는 일에 돈을 쓴다.

쇼핑하거나 계산할 때 '이것은 3가지 범위 중 어디에 속하는 걸까?'라고 생각한다면, 그것만으로도 컨트롤 능력은 극적으로 높아집니다. 왜냐하면 항상 3가지 범위를 이미지화하면 '지금까지는 소비라고 생각했지만, 실은 낭비는 아니었을까?'라는 감각이 싹트기 때문입니다.

예를 들어, 핸드폰 요금이 있겠죠. 저는 실제로 지금까지는 비교적 비싼 돈을 지불했지만, 싼 요금제로도 충분하다는 사실을 최근에 깨달았습니다. 또는 운동 시설의 이용료를 예로 들 수 있습니다. 요즘 부모와 아이가 함께 체력 증강에 관심이 많아져서 집 주변의 체육관에 다니기로 결정하는 경우도 있겠죠. 또 택시를 이용하는 경우도 있습니다. 전철을 타지 않고 택시를 이용할 때는 차액 이상의 가치를 만드는 행동(책을 읽거나 부족한 잠을 자서 피곤함을 줄이는 등)을 하려고 노력하는 경우도 있을 겁니다.

이렇듯, OUT의 의미를 일상생활에서 계속 생각하는 습관 하나로 돈의 '재분배'를 자연스럽게 하게 되거나 시간의 사용법을 다시 생각할 수 있습니다.

NEED = 소비, WANT = 낭비

저는 앞서 낭비와 소비를 나누어 설명했습니다. 이때 'NEED = 소비', 'WANT = 낭비'로 표현하면 둘의 차이가 더욱 선명하게 드러납니다.

아이가 친구와 즐겁게 놀기 위해서 쓰는 돈(과자를 사거나, 놀

이공원에 가는 등)은 모두 낭비에 해당한다고 볼 수 있습니다. 다만, '그 돈의 사용법을 통해서 자신이 크게 성장할 수 있다'라는 확실한 생각이 있으면 그것은 어쩌면 투자에 포함될지도 모릅니다. 귀중한 체험을 할 수 있는 가족 여행은 투자에 넣어도 좋을 것입니다.

또 부모가 취미에 쓰는 돈도 기본적으로는 모두 낭비에 해당합니다. 예를 들어 고급 손목시계를 너무 좋아하는 사람이 '이 손목시계를 팔에 차는 것으로 주위로부터 성공한 사람으로 인정받아 새로운 일을 맡게 될지도 모른다. 무엇보다도 나에게 크나큰 동기 부여가 된다'라는 지론을 펼치는 경우가 있습니다. 손목시계의 가격이 미래에 상당히 높은 확률로 오른다고 한다면 투자에 해당할지도 모르겠지만, 기본적으로는 낭비에 해당합니다.

오해가 없도록 보충 설명을 하자면, 저는 낭비 자체는 결코 나쁘다고 생각하지 않습니다. 만약 자신의 즐거움을 위해서 돈을 쓰지 않는다면 인생의 윤택함은 사라지고 말 것입니다. 낭비에 쓸 돈을 제로로 만들 필요는 전혀 없습니다.

단, 낭비인데도 투자의 범위에 넣어 돈을 쓰기 위한 잘못된 명분이 생기는 것은 조심해야 합니다. 그러면 욕망이 향하는 대로 끝없이 돈을 쓰는 것을 멈출 수 없기 때문입니다.

아이의 인터넷·게임 중독을 고치는 방법

"아이가 하루 종일 동영상만 봅니다."

"아이가 한번 게임을 시작하면 그만두질 않아요."

여러분 중에 이런 고민을 안고 있는 분들이 있을 것입니다. 낭비, 소비, 투자라는 이 3가지 범위를 잘 활용하면 아이의 인터넷·게임 중독을 고칠 수도 있습니다.

먼저 '인터넷이나 게임은 하루에 몇 시간까지'라는 규칙을 정합니다. 그다음, '연장 요금' 규칙을 정합니다. 이 연장 요금은 높게 설정합니다. 예를 들어 '연장 10분마다 매월 용돈의 10분의 1을 지불할 것'이라는 규칙이 있겠죠. 그리고 '만약 규칙을 지키지 않았을 때는 왜 이렇게 비싼 요금을 내야 하는가?'를 아이에게 설명합니다. 고액의 요금을 지불하는 이유는 낭비의 시간이기 때문입니다. 동영상을 보고, 게임을 하는 행위도 역시 낭비입니다.

반복해서 말하지만, 낭비 자체는 나쁜 것이 아닙니다. 그러나 멈추지 못하고 계속해서 하는 행위는 깊게 생각해 봐야 할 일입니다. 동영상이나 게임에 생활이 지배당하고 있는 것이기 때문입니다.

그래서 아이에게 그래도 동영상을 보고 게임을 하고 싶다면 비싼 돈으로 시간을 사라고 말하는 것입니다. '자신의 기분을 컨트롤하는 편이 이득이다'라는 것을 알면 규칙을 지킬 것입니다. 어렸을 때 '낭비에는 돈이 든다'라는 사실을 꼭 가르칠 필요가 있습니다.

그렇다고 해도 처음에는 재미있는 인터넷이나 게임을 자신의 의지로 끝내는 것은 좀처럼 쉽지 않은 일입니다. 종료 예정 시간이 되면 핸드폰의 전원이 자동으로 꺼지거나, 게임기 전원이 자동으로 꺼지는 강제 종료 설정을 해 두면 도움이 될 수도 있습니다.

주의할 점은 앞서 한 말과 마찬가지로, 부모가 인터넷·게임 중독인 경우 아이의 중독을 고칠 수 없다는 것입니다. 아이에게 낭비의 위험성을 가르치기 전에, 부모 먼저 낭비하는 습관을 가지고 있지는 않은지 돌아봐야 합니다.

투자와 투기는
완전히 다르다

자기 투자의 의미와 가치를 알려 줘야 한다

개인적으로, 책 읽기나 무언가를 배우는 등의 '자기 투자'에 관해서는 부모와 자녀 모두 아낌없이 쓰기를 추천합니다.

어린 자녀의 경우는 자기 투자에 쓰는 돈은 용돈이 아니라 부모가 담당하는 게 바람직합니다. 그래서 자기 투자가 아닌 '부모가 아이에게 투자'하는 것이라 할 수 있습니다. "너의 성장을 위해서 부모로서 돈을 내는 거야. 성장하면 여러 가지 것들을 할 수 있게 되고, 배우는 일이 훨씬 즐거워질 거야"라는 취지로, '낭비도 소비도 아닌, 자기 투자에 해당하는 돈이라는 것'과 '자기 투자로 인한 장점'을 아이에게 확실하게 알려 줘야 합니다.

이와 같이 자기 투자에 대한 사고방식을 부모와 아이가 항상 공유하면 아이가 자라면서 스스로 자신의 성장에 필요한 것을 찾아 요청할 것입니다.

예를 들어, 아이가 축구 클럽에 들어가서 미래 프로 축구 선수가 되고 싶다는 꿈을 갖게 됐다고 합시다. 그럼 아이는 '해외에서 활약하는 일류 선수의 운동복을 사고 싶다'라는 요청을 부모에게 할 수 있게 됩니다.

하늘의 별 따기, 로또 당첨

투자와 비슷한 말로 투기가 있습니다. 투기를 사전에서 찾아보면 '기회를 틈타 큰 이익을 보려고 하는 일'이라고 나와 있습니다. 알기 쉽게 설명하면, 도박입니다. '모 아니면 도'라는 말처럼 '맞을지도 모르고, 안 맞을지도 모른다'라는 행위입니다.

한편, 투자는 높은 확률로 돈이 늘어날 것 같은 곳에 돈을 쓰는 행위입니다. 제 생각에는 80~90%의 확률 정도로 돈을 벌 수 있을 때가 투자입니다. 대박인지 소박인지의 차이는 있지만, 거의 실패가 없는 행위를 저는 투자라고 부릅니다.

다양한 지식과 경험을 바탕으로 신중하게 생각하고 올바른 행동을 해야 비로소 그러한 확실함을 얻을 수 있습니다.

대표적인 투기는 로또입니다. 로또에 당첨될 확률은 대략 800만분의 1입니다. 벼락을 맞을 확률이 100만분의 1, 떨어진 운석에 맞아 죽을 확률은 160만분의 1이라는 조사 결과가 있습니다. 그것과 비교하면 로또 당첨 확률은 천문학적인 숫자라 할 수 있습니다.

로또뿐만 아니라 도박은 모두 주관하는 사람이 돈을 버는 구조입니다. 그중에서도 로또는 도가 지나칩니다.

환급금, 즉 판매한 총액에서 당첨금으로 돌려주는 돈이 경마, 경륜, 경정 등이 약 75% 정도인데 비해 로또는 50%입니다. 즉 로또를 산 시점에 50%를 발행자가 가지고 가는 것이죠. 로또를 '가난한 자의 세금'이라고 말할 정도로 발행자는 유리하고 산 사람은 불리한 도박입니다. 그래서 부자가 되고 싶다거나 아이에게 유익한 돈 교육을 시키고 싶다면 로또와 같은 투기에 손을 대지 않는 게 좋습니다.

이와 관련해 저는 예전에 딸들에게 비즈니스의 구조를 가르치고 싶어서 이런 이야기를 한 적이 있습니다.

"로또는 사는 사람이 절대로 돈을 벌 수 없는 게임이야. 다만, 발행자, 즉 판매자가 되는 것은 나쁘지 않을 수도 있어. 반드시 돈을 벌 수 있다는 것이 처음부터 약속된 것이니까."

'초심자 행운'은 정말로 행운일까?

계속해서 도박에 관해 이야기하겠습니다. 아래의 2가지 보기에서 사람은 보통 어느 쪽에 빠질 것이라고 생각하나요?

A. 마권을 사면 반드시 맞는 경마
B. 가끔 맞는 경마

확실하게 돈을 벌 수 있는 A가 정답일 것이라고 생각하지 않습니까?

그러나 B가 정답입니다. 이것을 증명한 실험이 있습니다. 원숭이에게 버튼을 누르면 먹이가 나오는 장치를 주었습니다. '버튼을 누르면 먹이가 반드시 나온다'라는 구조를 이해하고 나면 원숭이는 버튼에 흥미를 보이지 않습니다.

그런데 '먹이가 나올 확률', 즉 '버튼을 누르면 먹이가 나올 때도 있고, 나오지 않을 때도 있다'라는 설정으로 바꾸면 원숭이의 관심은 갑자기 높아져서, 종일 버튼을 눌러 댑니다. 더 무서운 점은 그 후에 '버튼을 눌러도 먹이가 전혀 나오지 않는다'라는 설정으로 바꿔도 원숭이는 버튼을 멈추지 않고 계속해서 누른다는 것입니다.

'혹시 먹이가 나오지 않을까'라고 생각하면서 버튼을 누를 때, 원숭이의 뇌에서는 쾌감 물질인 도파민이 분비됩니다. 엄청나게 기분이 좋은 상태가 되는 것입니다.

사람들은 왜 도박에 빠지는 걸까요? 그 이유는 '가끔 맞기 때문'입니다. 초조하고, 기다리는 행위가 사람의 뇌를 기분 좋게 하기 때문입니다.

"처음 산 마권이 적중했다."
"처음 산 로또가 당첨됐다."
"처음 내기 카드 게임을 했는데 돈을 땄다."

게임이나 도박에서는 흔히 '초심자 행운'이 있다고 합니다. 어떠한 도박이든 초심자가 뜻밖의 행운으로 돈을 따면 대단히 기분이 좋을 겁니다. 그래서 단번에 빠져 버리는 사람들이 상당히 많습니다. 그러나 그것은 불행의 시작일지 모릅니다. 도박은 구조상 플레이어가 계속해서 이길 수 없습니다. 반드시 패하게 되어 있기 때문입니다.

도박은 '돈을 벌기 위해서'가 아니라, '어디까지나 즐기기 위해서'라고 딱 잘라 생각하고 해야 합니다. 그리고 도박은 인간의 심리, 인간의 뇌 구조를 꿰뚫고 있는 상태에서 설계되었기에 인간의 의지로 간단하게 컨트롤할 수 없다는 것을 분명히 알아야 합니다.

일확천금을 노리면 부자가 되지 못한다

최근 가상화폐 거래가 주목을 받고 있습니다. 가상화폐로 수십, 수백억 원을 번 사람이 있다는 뉴스를 접하기도 합니다. 또 소액의 자금으로 거액의 투자 자금을 움직이는 FX마진거래(외환증거금거래)도 한때 화제가 되기도 했습니다.

앞에서 투자와 투기의 차이에 대해 언급한 대로, 이러한 가상화폐, FX마진거래 등은 확실하게 수익이 예상되는 것이 아니기에 투기에 해당합니다.

반드시 돈을 번다고 한다면 사람은 깊이 빠지지 않습니다. 가끔 돈을 벌기 때문에 자꾸 하고 싶어지는 것입니다. 그리고 일부 돈을 벌었다는 사람들의 뒤에는 큰돈을 잃고 눈물을 흘리고 있는 수많은 사람이 있다는 것을 잊어서는 안 됩니다.

도박이나 투기는 인간의 뇌를 자극합니다. 그에 비하면 투자는 밋밋해서 재미가 없을지도 모릅니다. 하지만 쾌감에 현혹되지 않고 자기 자신을 장기적으로 컨트롤할 수 있는 사람이 부자가 됩니다.

일확천금을 노리고 부자가 된 사람은 오래가지 못합니다. 그 부를 컨트롤하지 못해서 낭비를 하거나, 또 다른 일확천금을 노리다 돈을 잃어버리기 일쑤입니다.

MONEY

아이들 간의 돈거래?
특별 용돈 제안?

"친구가 돈을 빌려 달래요."

아이에게 용돈을 주다 보면, 한 번쯤은 부모의 머리를 아프게 하는 문제나 어떻게 해결해야 좋을지 난감한 경우가 생깁니다. 대표적인 2가지 상황에 대해 설명하겠습니다. 먼저, 친구들과 돈을 빌리고 빌려주는 돈거래를 하는 경우입니다. 이에 대해 어떻게 대처해야 할까요?

제 경험을 섞어 이야기하겠습니다. 저는 아이들에게는 "친구가 부탁하더라도 돈은 빌려주면 안 돼"라고 가르쳤습니다. 그것은 아이들이 '거절하는 힘'을 기를 수 있도록 하기 위함이었습니다.

거절해야 할 때 거절하지 못하고 어른이 되면 어떻게 될까요? 괜찮을 거라는 가벼운 마음으로 보증인이 되어 도장을 찍어 주다, 막대한 빚을 떠안게 되는 위험성이 있겠죠.

저는 보증인에 대해서 딸들에게 다음과 같이 설명한 적이 있습니다.

"네 친구 중에 영희하고 철수가 있다고 하자. 어느 날 철수가 영희에게 '1만 원만 빌려줘'라고 말했어. 영희는 철수에게 1만 원을 빌려줬는데 갚지 않아서, 너한테 '넌 어떻게 생각해? 철수 개 정말 돈 갚을까?'라고 상담을 청했다고 하자. 그때 네가 '철수는 좋은 애니까 꼭 갚을 거야. 만약 약속대로 갚지 않으면 그때는 내가 철수 대신 영희 너한테 1만 원을 줄게'라고 말한 거야. 그런데 철수가 어느 날 갑자기 전학을 가 버린 거야. 그래서 그 1만 원은 네가 대신 갚게 되었어. 그게 보증인이란 거야."

친구 간의 돈거래도 용돈 주는 법과 마찬가지로 좋은 어른이 되기 위한 트레이닝이라는 관점으로 생각해야 합니다.

친구의 돈 부탁을 현명하게 거절하는 2가지 방법

하지만 아이에게 있어 친구는 자신이 살고 있는 세상 그 자체입니다. 지금까지 쌓아 온 우정이 무너지는 것이 두려워 "못 빌려줘"라는 말을 하지 못하는 아이도 있습니다. 그 마음을 충분히 이해합니다.

그래서 저는 다음과 같은 2가지 방법을 소개합니다. 돈을 빌리고 빌려주는 것에 대해 아이와 이야기할 때 참고하길 바랍니다(어른들 간의 커뮤니케이션에도 유용한 테크닉이라고 생각합니다).

첫째, '부모 핑계'를 대는 방법입니다.

예를 들어 "엄마 아빠가 '절대 안 돼'라고 했어"라는 이유를 대서 거절하게 하는 것입니다. 경우에 따라서, "우리 아빠가 완전 무서워서……"라며, 자신도 부모의 엄격함 때문에 힘들다는 느낌의 연기를 할 필요도 있습니다. 그러면 친구도 비교적 쉽게 납득하게 됩니다.

둘째, '교환'을 제안하는 방법입니다.

앞의 방법으로 매끄럽게 거절하려고 해도 친구가 계속해서 돈을 빌려 달라고 부탁한다면, "네가 소중하게 생각하는 것과 교환이라면 좋아"라고 말하도록 하세요.

예를 들어 아이의 친구가 "1,000원만 빌려줘"라고 말하면 아이는 친구에게 "네가 좋아하는 장난감 가지고 와. 그 장난감이랑 1,000원을 교환하자"라고 제안하는 겁니다.

참고로 이 방법은 일본에서 고액 납세자로 알려진 사업가 사이토 히토리齋藤一人의 말에서 힌트를 얻었습니다. 일본 제일의 부자로 알려진 그에게는 돈을 빌려 달라고 부탁하는 사람이 엄청 많았다고 합니다. 그때마다 그는 "알겠어요. 그 대신에 차든 뭐든 좋으니 빌리고 싶은 돈만큼의 가치가 있는 것을 가지고 오세요. 그만큼 돈을 빌려줄게요"라고 말했다고 합니다.

이렇게 말하는 이유 또한 밝혔습니다.

"상대방과 제가 대등한 관계로 있기 위함입니다. 상대방이 가지고 온 것은 절대 팔지 않고 소중하게 가지고 다룹니다. 상대방이 돈을 갚으면 바로 돌려주죠. 이렇게 하는 것이 단순하게 돈을 빌려주는 것보다 깔끔한 인간관계라고 생각해요."

실제로 그에게 이런 말을 듣고 물건을 가지고 와서 돈을 빌려 달라고 재차 부탁하는 사람은 거의 없었다고 합니다.

어쩔 수 없이 돈거래를 했을 때 주의점

물론 모든 돈거래가 나쁘다고는 생각하지 않습니다. 예를 들어 친구들이랑 전철을 타고 놀러 가려고 했는데, 친구 한 명이 지갑을 집에 두고 왔을 때는 당연히 돈을 빌려주고 나중에 돌려받아도 된다고 생각합니다. 반대의 경우도 마찬가지입니다.

단, 빌려준 쪽과 빌린 쪽 쌍방이 그날 안에 '이런 이유로, 얼마를, 누구에게, 빌려줬다·빌렸다'라고 부모에게 보고하도록 가르치는 게 좋습니다. 또 후에 '갚았다, 돌려받았다'라는 보고도 하도록 가르치는 게 좋습니다.

참고로 아이들에게는 돈을 빌려줬을 때의 마음가짐으로, "친구들에게 빌려준 돈은 기본적으로 돌아오지 않는다고 생각해야 해"라고 알려 주세요. 돈 때문에 인간관계가 꼬이는 것은 세상의 이치이니, 어릴 때부터 분명하게 알려 줘야 합니다.

"○○하면 용돈 주세요."

또 다른 하나는 아이에게 용돈을 주게 되면, "이번 시험에서 좋은 점수를 받으면 특별 용돈 주세요"라거나 "성적이 오르면 장난감 사 줘요"라는 제안을 받을 가능성이 있습니다. 이럴 때 부모는 어떻게 하는 것이 좋을까요?

각 가정마다의 규칙이나 사고방식이 있으리라 생각하지만, '그 제안을 받아들이는 것이 좋다'라는 게 제 의견입니다. 왜냐하면, '노력해서 성과를 냈더니 보상을 받았다'라는 것은 우리들의 일과 완전히 같기 때문입니다. 이러한 성공 체험을 어렸을 때 할 수 있는 것은 대단히 멋진 일입니다. 또 '스스로 구체적인 목표를 설정한다'라는 주체적 행동도 칭찬해 줘야 하는 부분입니다.

'감사 돌려주기'의 파생 버전, 예를 들어 '노력에 대한 보상'이라는 항목으로 '목표를 달성하면 ○○원의 특별 용돈을 준다', '목표를 달성하면 ○○를 사 준다'라는 조건이 있어도 좋지 않을까 생각합니다.

특별 용돈을 줄 때 4가지 주의점

다만, 특별 용돈을 줄 때는 4가지 주의할 점이 있습니다.

첫째, '부모로부터'가 아닌 '아이로부터'의 제안이 더 바람직합니다.

공부를 좀 더 열심히 했으면 하는 바람에서 부모는 "영어 시험 10회 연속 100점 받으면 장난감을 사 줄게"라며, 아이 눈앞에서 당근을 흔들고 싶어집니다. 그러나 아이의 주체성을 키우기 위해서는 아이로부터의 제안을 기다리는 것이 좋습니다. 가끔 부모 쪽에서 제안하는 것도 좋지만, 항상 부모가 먼저 제안하는 것은 피해야 합니다.

둘째, 너무 자주 하는 것은 좋지 않습니다.

쉬운 이해를 돕기 위해 일부러 극단적인 예를 들자면, '매일 쪽지 시험에서 100점을 받을 때마다 1,000원을 받는다' 같은 약속은 하지 않는 것이 좋습니다. 공부를 하는 원래의 목적은 자신의 성장을 위해서입니다. 이 원래의 목적에서 벗어나서 '돈을 얻을 수 있는 일'이 목적이 돼 버릴 위험성이 있기 때문입니다. 지속적으로 노력하기 위한 즐거운 보상 이벤트라는 생각으로 1년에 3~4회 정도로 제한하는 것이 좋습니다.

셋째, 단발 목표보다는 지속 목표가 좋습니다.

"영어 시험에서 5회 연속 100점 맞으면⋯⋯."
"기말시험에서 전 과목 총점이 800점 이상이면⋯⋯."
"다섯 과목 중 네 과목 이상 90점이 나오면⋯⋯."

"이번 시험에서 몇 점 맞으면⋯⋯"이라는 한판 승부의 목표보다는, 앞의 예처럼 시간을 들여야 하고, 다양한 종류의 노력이 필요한 목표가 셀프 컨트롤이나 계획성을 요구하기 때문에 목표의 난도가 높습니다. 트레이닝의 관점에서 생각하면 이 방법을 추천합니다. 다만 중요한 점은 실패하게 만드는 것이 아니라, 성공하게 만드는 것입니다. '노력하면 달성할 수 있을 것 같은' 적당한 난이도의 목표를 설정할 수 있도록 도와주시길 바랍니다.

넷째, 보상은 돈보다도 물건이나 기회가 알기 쉽습니다.

이것은 오랫동안 비즈니스를 해 온 저의 경험에서 말할 수 있는 것입니다. 노력한 보상을 설정할 때, 비록 같은 금액이라도 '○○원을 목표로 열심히 하자'보다도 '목표를 달성하면 맛있는 케이크를 먹자'가 흥이 더 오릅니다. 돈보다도 케이크가 눈에 잘 보여서 알기 쉽기 때문에 동기 부여가 용이하기 때문입니다. 그래서 보상으로는 물건을 추천합니다. 또 기회(가고 싶은 곳에 데려가 준다, 먹고 싶은 것을 먹게 해 준다 등)도 좋은 보상이 됩니다.

올림픽 선수에게 배우는
돈 교육의 힌트

초일류 운동선수의 육아 공통점

이번 내용은 제가 다니고 있는 자세 교정 클리닉의 선생님에게 듣고 크게 깨달은 이야기로 시작해 보겠습니다.

그의 클리닉에는 전 올림픽 선수, 현 올림픽 선수가 많이 방문합니다. 그중에는 자녀가 있는 분도 다수 있는데, 부모뿐만 아니라 아이들도 일류 운동선수인 경우가 많다고 합니다.

그는 이러한 사실에 대해 의문을 가지게 되었다고 합니다. 부모가 하는 운동과 다른 운동을 하는데도 불구하고 성공한 자녀가 많은 이유가 궁금했던 것이죠.

만약 부모가 탁구 선수이고 자녀도 탁구 선수인 경우라면 그럴듯합니다. 그런데 부모는 야구 선수인데 자녀는 축구 선수, 부모가 유도 선수인데 자녀는 럭비 선수인 경우나, 또 부모 모두 운동선수인 경우뿐만 아니라 부모 중 어느 한쪽은 운동에 젬병인 경우는 궁금증이 생깁니다.

그래서 그는 운동선수가 되는 아이의 육아법에 주목하게 되었고, '초일류 운동선수의 육아법에는 무언가 공통점이 있을 것이다'라는 가설을 세우게 되었습니다.

선생은 시술을 하면서 전, 현 올림픽 선수들에게 육아 비법에 대해 물었습니다. 그 결과, 하나의 공통점을 발견했습니다. 그것은 바로 '배우는 순서'였습니다.

이와 관련해 문제를 하나 제시하겠습니다. 함께 생각해 보시길 바랍니다.

그들은 자녀들에게 가장 먼저 ○○를 시키고, 다음으로 ××을 배우게 하고, 마지막으로 △△에 보낸다고 합니다. ○○, ××, △△에 들어갈 각각의 말은 무엇일까요?

답은 이렇습니다.

① ○○: 기계 체조
② ××: 수영
③ △△: 아이가 하고 싶은 운동팀이나 클럽

가장 먼저 기계 체조로 몸이 움직이는 법을 익히고, 다음은 수영으로 몸을 단련시키는 것입니다. 기초가 튼튼하게 잡히면 다음에 어떤 운동을 하더라도 성과를 낼 수 있기 때문입니다.

이렇게 효과가 있는 방법을 통해 아이를 키우면 부모가 운동선수가 아니더라도 누구라도 상당히 높은 레벨의 운동 능력을 갖게 된다고 합니다. 그래서 그들의 아이들은 부모와 다른 운동을 해도 대성할 수 있는 것입니다.

저는 이 이야기를 선생님에게 듣고 대단히 감동할 수밖에 없었습니다. 왜냐하면 기초만 탄탄하게 잡아 놓는다면, 운동뿐만 아니라 어떤 공부든 성과를 낼 수 있다는 의미로 받아들여졌기 때문입니다.

부모가 책임지고 어릴 때부터 아이들에게 올바른 돈 공부를 할 수 있는 길을 열어 준다면, 경제적으로 자유로운 어른이 되는 건 그리 어려운 일이 아니지 않을까요?

돈 교육에도 순서가 있다

운동선수 교육은 돈 교육과 똑같습니다. 돈의 컨트롤을 배우는 시기도 셋으로 나뉩니다.

① 초등학교 입학 후 중학교 졸업 전 시기(용돈을 받는 때)
② 고등학교 입학 후 사회에 나가기 전 시기(아르바이트를 할 수 있는 때)
③ 고등학교 졸업 후 사회에 나와 스스로 생계를 유지하는 시기

①은 기계 체조로 몸이 움직이는 법을 익히는 시기와 마찬가지로, 돈의 컨트롤 방법을 배우는 시기입니다.

②는 수영으로 몸을 단련하는 시기에 해당합니다. ①에서 배운 돈의 의미와 최적의 돈 컨트롤 방법을 현장에서 좀 더 배우고, 인생의 축을 만들어 가는 시기입니다.

①과 ②의 시기를 올바르게 보내고 나면 다음은 자신이 어떤

인생을 살고 싶은지, 그것을 위해서 어떤 직업을 가지는 것이 좋은지를 생각해 노력하면 됩니다. 어떤 직업을 갖더라도 성공할 수 있을 겁니다.

다시 말해, 용돈 규칙을 주제로 한 이 책은 ①의 시기에 인생의 토대를 튼튼하게 구축하는 방법에 대해서 이야기하는 책이라고 할 수 있습니다.

돈 이야기를
금기시하지 않는다

부모는 아이에게 정직해야 한다

동양에서는 '돈에 관한 이야기를 아이 앞에서 해서는 안 된다'라는 말이 있습니다. 또 돈에 관해 아이에게 질문을 받아도 있는 그대로 답하지 않고 잘 포장해서 말해야 한다고 생각하는 사람들이 있습니다. 저는 이러한 경향은 교육상 좋지 않다고 생각합니다.

왜냐하면 아이는 어른이 생각하는 것보다 훨씬 더 현명하기 때문입니다. 평상시 아무렇지도 않게 주고받는 어른들의 대화를 주의 깊게 듣고 있고, 표정이나 분위기에서 많은 것을 느낍니다. 그래서 무엇보다도 중요한 것은 우리 어른들이 '아이에게 솔직해야 하는 것'이라고 생각합니다.

아이는 한 명의 어른이다

제가 초등학교 3학년 때였습니다. 목수였던 아버지가 작업 중에 높은 곳에서 떨어져서 다리가 골절되어 1년 정도 일을 하지 못하게 된 적이 있었습니다. 그때까지 낮에 집에 계신 적이 없었던 아버지가 하교하면 항상 집에 있었습니다. 어머니가 계산기를 노려보는 모습을 보는 일도 많아졌습니다. '돈이 어쩌고 저쩌고'라는 부모님의 대화도 자주 듣게 되었습니다.

어린 마음에도 '우리 집에 곤란한 문제가 생긴 건 아닐까'라는 걱정이 생겼습니다. 그래서 저는 어느 날 마음먹고, 어머니께 이렇게 말을 꺼냈습니다.

"엄마, 저 용돈 필요 없어요. 집이 힘드니까."

그러자 어머니가, "뭔 소리야!"라고 말하면서 집안 사정에 관해서 이야기해 주셨습나다.

"이런 일을 대비해서 작은 아파트를 가지고 있었어. 정기적인 수입이 있고, 전부터 모아 둔 돈도 있으니까 괜찮아."

아무런 문제도 없었다고 말하면 그것은 정확한 표현이 아닙니다. 아버지가 다치고 1년간, 집의 경제 상황은 많이 힘들었을 것이고, 얼마 안 되는 금액의 용돈을 받지 않는다고 해서 힘든 상황이 바뀌지는 않았을 겁니다. 그래서 어머니는 저를 안심시키기 위해 작은 '거짓말'을 했던 것입니다. 그렇지만 저를 신뢰해서 집안 사정에 대해 말씀해 주셨다는 사실이 너무나 기뻤습니다. 어머니의 말에 안심한 면도 있었지만, 그 이상으로 한 명의 어른으로 제대로 대해 준 어머니에 대한 감사한 마음이 강했습니다.

질문은 돈 교육을 할 수 있는 최고의 기회다

아이에게 돈에 관해 질문을 받으면 솔직하게 대답해 주는 게 좋다고 생각합니다. 돈 교육을 할 수 있는 절호의 기회일 수 있기 때문입니다.

저는 어느 날 불안해하는 표정의 딸에게 "이렇게 엄청 비싼 것을 사도 우리 집 괜찮아? '영(0)'이 이렇게 많은 것을 사서 제대로 돈을 갚을 수 있어?"라는 질문을 받은 적이 있습니다. 아이들이 어렸을 때, 저는 부동산 투자를 시작했습니다. 맨션 한 동을 전부 사기 위해 물건을 알아보고 있었기 때문에 구입 가격은 수십억 원 단위였던 적이 자주 있었습니다. 구입 자금은 은행 등의 금융기관에서 대출로 조달했는데, 딸은 '아빠가 뭔지 모르지만 돈을 잔뜩 빌리고 있다'라고 걱정했던 것 같습니다.

그래서 저는 아이에게 이렇게 말했습니다.

"분명 큰돈을 빌리기는 하지만, 그 돈은 아빠가 산 맨션이 일해서 매월 갚아 주고 있어. 거기다 갚아 주는 것 외에도 많은 돈을 벌어 주고 있어. 또 그 맨션을 팔면 그 돈으로 빌린 돈을 전부 갚을 수 있으니까 괜찮아!"

그 이후로 아이는 걱정하지 않게 되었고, 이 대화는 뜻밖에도 제 비즈니스에 대해서 설명하는 기회가 되었습니다.

부모가 절대 해서는 안 되는 최악의 말

매우 좋지 않은 것은, 아이가 무언가를 하고 싶다고 말했을 때, 다른 이유를 빌려 체념시키는 말입니다.

예를 들어 아이가 "발레를 배우고 싶어"라고 말했는데, 부모입장에서는 아이가 하고 싶은 것을 모두 지원해 주고 싶지만 들어가는 돈이 비싸서 지원해 줄 수 없는 상황이라고 합시다. 이때, "발레를 배워도 나중에 아무런 도움이 안 돼. 쓸데없어"라는 식으로 다른 이유를 들어 말하면 아이의 마음에는 평생 상처가 남습니다.

먼저, 자신이 흥미 있는 것에 대해 누구보다도 이해해 주길 바라는 존재인 부모로부터 "쓸데없다"라며 단칼에 잘려 버린 것에 큰 상처를 받습니다. 또, 포기하지 않으면 안 되는 이유가 진짜 이유가 아니기 때문에 찝찝함이 남습니다. 그리고 '왜 나는 그때 포기해야만 했을까?'라는 후회가 나이를 먹을수록 커져서 절대 사라지지 않습니다.

그렇기 때문에 이런 경우, 우선은 현 상황을 이런 식으로 아이에게 솔직하게 말해야 합니다. 그런 다음 아이와 함께 대안을 찾으면 됩니다.

"발레는 무리지만 근처 댄스 학원이면 다닐 수 있을지 몰라."

"지금은 좀 힘들지만 3년 후에 배울 수 있도록 계획을 세워 보자."

"처음부터 발레리나 선생님이 운영하는 발레 교실을 다니는 것은 무리니까, 공공단체가 운영하는 주말 발레 교실을 먼저 경험해 보는 것은 어떨까?"

부모가 돈에 관한 얘기를 금기시하지 않고 마음을 열고 설명하면 아이도 분명히 이해해 줄 것입니다. 다른 이유를 드는 일은 절대 해서는 안 됩니다.

부부간 돈에 관한
인식을 일치시켜야 하는 이유

정확한 재정 상태를 서로 공유하라

화목한 가정의 비결 중 하나는 부부간 돈에 관한 인식을 일치시키는 것입니다.

우선은 정확한 2가지 정보를 공유하도록 합시다.

- 금융자산은 얼마나 있는가?
- 매월 얼마의 수입과 지출이 있는가?

현 상태를 정확하게 말하고 부부가 그 숫자를 공유하는 것이 중요합니다. 흔한 경우가 한 사람이 관리하고 다른 사람은 전혀 관여하지 않는 상황입니다. 이것은 인생의 전환기에서 무언가 큰 결단을 해야 할 때(이직, 이사, 병 치료 등), 관여하지 않는 사람이 "그렇게 돈이 없어?"라고 말해 싸움의 원인이 될 수도 있습니다.

또 자산 관리나 운용에 관한 아이디어도 혼자서 생각하기보다는 둘이서 함께 생각하는 것이 좋은 아이디어를 떠올릴 가능성이 높기 때문에 현 상태를 솔직하게 공유하는 걸 추천합니다.

특히 비싼 물건을 사야 한다면

그리고 지출에 대한 가치관도 조정할 필요가 있습니다. 특히 큰돈을 지출해야 할 항목에 관해서는 먼저 올바른 지식을 배우는 것이 중요합니다. 이것도 한쪽이 공부하고, 다른 한쪽은 전혀 관여하지 않는 게 아니라, 부부가 함께 배우길 추천합니다. 그다음, 이러한 지식을 바탕으로 큰 지출은 어떤 방식으로 처리할지를 정확하게 이야기해야 합니다. 큰돈을 지출하는 항목으로는 4가지 정도가 있습니다.

- 집
- 보험
- 자동차
- 아이 교육비

이때 중요한 것은 낭비와 소비의 관점이 아닌, 투자 관점, 다시 말해 '미래에 수익으로 돌아올 확률이 가장 높은 것은 어떤 것일까?'라는 관점입니다. 투자 관점을 잊지 않으면 쇼핑에서 실패할 확률을 확실하게 낮출 수 있습니다.

최근 상담에서 자주 듣는 말은 "아이의 입시에 대해 의견이 달라서 부부 관계가 안 좋아졌다"입니다. **부부의 가치관이 서로 충돌하며 싸우는 것이 아니라, 서로 같은 방향을 바라보며 '10년 후, 20년 후 아이가 사회에 나올 때까지 어떤 배움의 기회를 제공할까?'를 함께 생각하는 자세로 아이의 행복을 위한 선택을 하도록 노력해야 합니다.**

감사로 세상을
새롭게 보는 법

'시급 60만 원'을 지급해도 대만족하는 이유

가족과 함께 드라이브할 때, 집에 수리 기사나 배송 기사가 왔을 때, 레스토랑에서 식사할 때, 편의점에 들어갈 때, 핸드폰을 만지고 있을 때 등 저는 다양한 때에 딸들에게 세상의 구조에 관해 이야기합니다. 그때 항상 공통적으로 하는 말이 있습니다. 그것은 바로 "받는 돈은 '감사의 크기'로 결정되는 거야"라는 말입니다.

예전에 집에서 변기가 막혀 버린 일이 있었습니다. 변기가 막히면 누구도 용변을 볼 수 없기 때문에 즉시 수리해야만 했습니다. 급하게 수리하는 곳에 전화를 했더니 곧바로 달려와 주었습니다. 작업 시간은 5분 정도였고, 수리비는 5만 원 정도였습니다.

5분에 5만 원, 시급으로 환산하면 60만 원(물론 실제로는 이런 단순 계산을 적용할 수는 없습니다)입니다. 숫자만 보면 비싸다고 느껴지겠지만 저는 전혀 그렇게 생각하지 않았습니다.

왜냐하면 만약 수리하지 못했다면 대단히 곤란했을 것이고, 고쳐졌을 때 우리 가족들의 기쁨이 매우 컸기 때문입니다. 수리가 끝나고 기사님이 돌아간 후, 저는 곧장 딸들에게, "일을 하고 얼마의 돈을 받을지는 '일을 한 시간'이 결정하는 것이 아니야. '감사의 크기'가 결정하는 거야"라고 말했습니다. 수리 기사의 작업을 직접 본 직후여서 딸들은 진심으로 납득했습니다.

감사가 돈을 부른다

또 딸들과 TV 뉴스를 보면서 경기 순환에 대해서 이야기할 때도 있습니다. 경기는 파형을 그립니다. 경기의 골짜기에서 산으로 향하거나(불경기 → 호경기), 경기의 산에서 골짜기로 향하는 과정을(호경기 → 불경기) 반복합니다.

저는 딸들에게 불경기라고 해서 모두가 돈을 벌지 못하는 건 아니라고 가르칩니다. 불경기에도 사람들의 필요는 당연히 존재하고, 그 필요를 파악하여 "고맙다"라는 말을 들을 수 있는 상품이나 서비스를 제공하면 돈을 벌 수 있습니다.

호경기에는 사람들의 필요가 변화합니다. 그 필요를 파악하여 "고맙다"라는 말을 들을 수 있는 상품이나 서비스를 제공하면 돈을 벌 수 있습니다. 결국 어떤 때라도 어떻게 하면 감사의 말을 들을 수 있을지를 생각하는 것이 중요합니다.

왜 동료 A가 월급이 더 많을까?

저는 가끔 딸들에게 이렇게 질문하곤 합니다.

"같은 직장에서 일하는데 A는 대단히 높은 급여를 받고, B는 아르바이트 정도의 급여를 받는다면, 그건 왜라고 생각해?"

왜일까요? 정답은 A가 '다른 사람은 할 수 없는 일'을 하는 사람이고, B가 '다른 사람도 할 수 있는 일'을 하는 사람이기 때문이라고 생각해 볼 수 있습니다.

쉽게 설명하기 위해서 프랑스 레스토랑의 예를 들겠습니다. A는 프랑스에서 교육받고 미슐랭 별을 받은 유명 레스토랑에서 수련한 셰프로, 그 실력을 인정받아 사장에게 "제발 우리 레스토랑에서 일해 주세요"라는 부탁을 받고 그곳에서 일하고 있습니다. A가 만드는 요리는 평판이 좋아서 예약이 항상 꽉 차 있을 정도입니다.

B는 그 프랑스 레스토랑의 '성수기 홀 스탭 모집 중'이라는 벽보를 보고 지원했습니다. 음식점에서 일해 본 경험은 없지만 "초보자여도 괜찮다"라는 말을 듣고 이 레스토랑에서 홀 스탭으로 일하고 있습니다.

저는 딸들에게 이렇게 질문하기도 합니다.

"어느 쪽이 더 많은 돈을 받을까?"
"B가 더 많은 돈을 받기 위해서는 어떻게 해야 할까?"

그렇게 '받는 돈은 감사의 크기에 비례한다'라는 사실을 가르처 왔습니다. 지금이라면 유튜브를 예로 들어 아이에게 설명하면 쉽게 이해시킬 수 있을 것입니다.

"모두가 '즐겁다', '재밌다'라며 봐 주고, '좋아요'를 많이 눌러 주는 유튜브 채널이 많은 돈을 버는 거야."

이런 느낌으로 '재생 횟수 = 고마움의 크기 = 수입'이라는 공식을 설명할 수 있을 겁니다.

교활한 돈벌이는 NG,
편안한 돈벌이는 OK

교활한 돈벌이는 지속할 수 없다

어느 날, 저는 딸들에게 "'교활한 돈벌이'는 안 되지만, '편안한 돈벌이'는 좋은 거야"라고 말한 적이 있습니다.

교활한 돈벌이란 말 그대로 교활한 방법으로 돈을 버는 것입니다. 사람을 속여서 돈을 버는 것은 물론, 주변 사람을 힘들게 하면서 돈을 버는 것도 포함됩니다. '블랙기업'의 경영자들이 교활한 돈벌이를 한다고 할 수 있을 것입니다.

당연하게도, 교활한 돈벌이는 오래가지 못합니다. 일시적으로는 큰돈을 벌지 모르지만, 사람들의 원한을 사면서는 세상에서 살아남을 수 없습니다.

편안한 돈벌이는 지속할 수 있다

반대로 편안한 돈벌이는 좋은 것이라 생각합니다. 편안한 돈벌이란 '자신도 주변도 편안한 것이 무엇인지를 생각해 그 방법으로 돈을 버는 것'을 말합니다.

예를 들어, 길거리의 많은 체인점에는 본사가 있습니다. 편의점, 음식점, 세탁소, 미용실 등 업종과 업계는 다양합니다. 편안하게 돈을 버는 것의 예로 쉽게 알 수 있는 것은 이런 체인점 본사입니다. 체인점 본사는 편리한 구조와 효율적인 방법을 생각하거나, 새로운 상품과 서비스를 개발합니다. '고객, 파트너인 가맹점주, 그리고 자신들을 어떻게 하면 편하게 할까?'에 대한 지혜를 짜낸다고 해도 과언이 아닙니다.

다시 말해, 모두를 편안하게 하고, 여러 곳에서 "고맙다"라는 말을 듣는 것으로 체인점 본사는 많은 돈을 버는 것입니다. 편하게 돈을 버는 것에 저항감을 가진 사람들이 상당히 많을 것입니다. 그러나 편안한 돈벌이는 결코 나쁜 것이 아닙니다. 고맙다는 감사의 표현을 듣기 때문에 돈을 버는 것입니다.

다만, 체인점 본사가 파트너인 가맹점에 불합리한 횡포를 일삼아, 이익을 독점하면 가맹점에서 받는 감사의 크기는 줄어들 수밖에 없습니다. 그렇게 되면 이탈하는 가맹점이 늘어나거나 법에 호소하는 가맹점이 나오게 됩니다.

경영이 지속적으로 잘되는 회사나 가게는 감사를 많이 받는 곳입니다. 반대로 경영이 잘되지 않는 회사나 가게는 사업을 지속할 수 있는 필요하고 충분한 감사를 받지 못한 곳입니다. 이 원칙은 기회를 봐서 아이에게 꼭 알려 주세요.

마시멜로를 먹은 아이와
먹지 않은 아이, 그 후의 인생

인내심은 행복한 인생을 위해 꼭 필요할까?

마시멜로 실험은 모두 한 번쯤 들어 보셨을 것입니다. 이 실험은 스탠포드대학의 심리학자 월터 미셸Walter Mischel과 연구팀에 의해 3~5세 아동을 대상으로 행해진, 아이의 자제심과 미래의 사회적 성과 간의 관련성을 조사한 실험입니다. 간단히 실험에 대해 이야기해 보겠습니다.

아이들이 한 명씩 방에 들어가 의자에 앉도록 지시받습니다.

테이블 위에는 마시멜로 1개가 놓인 접시가 있습니다. 그리고 실험자가 이렇게 말하곤 방을 나갑니다.

"내가 일이 있어서 잠깐 나갔다 올 거야. 이 마시멜로는 너한테 줄게. 나는 15분 후에 돌아올 거야. 그때까지 먹는 것을 참으면 돌아와서 마시멜로를 하나 더 줄게. 그런데 내가 없을 때 이 마시멜로를 먹으면 두 번째 마시멜로는 받을 수 없어."

아이들의 행동은 숨겨진 카메라로 촬영되고 있습니다. 좋아하는 마시멜로가 눈앞에서 아이를 유혹합니다. 아이들은 모두 '참으면 또 하나를 받을 수 있어'라고 생각하며 갈등합니다. 자기 머리카락을 잡아당기며 참는 아이, 뒤로 돌아앉아 마시멜로를 보지 않으려 하는 아이, 마시멜로 냄새를 맡는 아이, 마시멜로를 쓰다듬는 아이……. 아이들에 따라 반응도 제각각입니다.

곧바로 마시멜로를 먹은 아이는 적었습니다. 하지만 끝까지 참지 못하고 먹은 아이가 약 3분의 2, 끝까지 참고 또 하나의 마시멜로를 손에 넣은 아이가 약 3분의 1이라는 결과가 나왔습니다.

이 실험에서 재미있는 것은 추적 조사의 결과입니다. 청소년이 된 아이들을 추적 조사했더니, 마시멜로를 기다린 아이 그룹

은 마시멜로를 먹어 버렸던 아이 그룹보다 대학입학자격시험SAT
의 점수가 평균 210점이 높았다는 사실을 알 수 있었습니다.

그들이 중년이 되었을 때 한 번 더 추적 조사를 했더니, 마시
멜로를 기다린 그룹이 사회 경제적 지위가 높다는 것을 알 수 있
었습니다. 이 실험에서 알 수 있는 것은 어릴 때 기른 '인내심'은
평생의 힘이 된다는 것입니다.

용돈 규칙은 '마시멜로 습관'

'마지막까지 참으면 두 배로 늘어난다'라는 사실, 무언가와 닮
았다고 생각하지 않습니까?

그렇습니다. 모임 회원들을 통해 듣거나 느꼈던 것과 제 경험
을 더해 고안해 낸 방법을 딸들에게 직접 실천해 보고 완성한
두 배 돌려주기 용돈 규칙과 같습니다. 당시는 알지 못했지만,
곰곰이 생각해 보면 이것은 일종의 마시멜로 실험이라 할 수 있
습니다.

아니, 정확히는 마시멜로 실험이라기보다는 '마시멜로 습관'
이라고 부르는 것이 더 어울릴지도 모릅니다. 그 이유는 1회에
한정하지 않고, 여러 해에 걸쳐 지속적으로 스스로를 컨트롤하

여, 아이들이 '그것이 당연하다'라는 감각을 익히게끔 하는 것이기 때문입니다.

심리학계에서 권위 있는 실험의 결과와 제가 실천한 용돈 규칙 사이의 공통점을 발견했을 때, 저는 '이 방법이 좋았던 거구나'라고 진심으로 생각했습니다.

비록 마시멜로 실험은 후속 연구에 의해 오류가 지적되어, 자기 통제력과 미래의 성공이 밀접한 상관관계가 있다고 보기 힘든 건 사실입니다. 하지만 이 실험과 떼어 놓고 보더라도 인내심이 돈 교육에 있어 중요하다는 것은 부정할 수 없습니다.

이 책에서 제가 말씀드린 용돈을 통한 경제 교육법을 깊이 마음속에 새겨 여러분의 소중한 자녀가 훌륭한 인생을 살아가도록 올바르게 이끌어 주시길 바랍니다.

* 아이는 부모의 돈에 관한 생각과 태도를 닮기에 부모 먼저 돈을 제대로 다뤄야 한다.

* 돈의 사용처가 낭비, 소비, 투자 중 어느 범위에 해당하는가를 생각하는 습관을 익혀야 돈의 컨트롤 능력을 높일 수 있다.

* 돈 이야기는 아이에게 금기시하지 않는다.

* 부모의 최악의 언행은 아이의 소망을 거짓말로 체념시키는 것이다.

* 인내심은 부자가 되는 필수 능력이다.

옮긴이_양필성

일본 공업대학교 건축학과를 졸업하고, 중앙대학교 신문방송대학원에서 출판미디어를 전공했다. 출판사에서 기획 및 편집 일을 하던 중 번역의 세계에 발을 딛게 되었다. 현재 다양한 분야에 관심을 가지고 출판 기획자와 전문 번역가로 활동 중이다. 옮긴 책으로『그림은 금방 능숙해지지 않는다』,『내가 미래를 앞서가는 이유』,『이것은 사업을 위한 최소한의 지식이다』,『123명의 집 vol 1.5』등이 있다.

평생 돈 걱정 없는 아이로 키우는
부자 수업

1판 1쇄 인쇄 2022년 5월 3일
1판 1쇄 발행 2022년 5월 18일

지은이 무라타 고키
옮긴이 양필성

발행인 양원석 편집장 차선화 책임편집 김하영
디자인 신자용, 김미선 영업마케팅 윤우성, 박소정, 김보미 해외저작권 함지영

펴낸 곳 ㈜알에이치코리아
주소 서울시 금천구 가산디지털2로 53, 20층(가산동, 한라시그마밸리)
편집문의 02-6443-8893   도서문의 02-6443-8800
홈페이지 http://rhk.co.kr
등록 2004년 1월 15일 제2-3726호

ISBN 978-89-255-7830-9 (03590)